AF311764

BIBLIOTHÈQUE
BIOLOGIQUE INTERNATIONALE

PUBLIÉE SOUS LA DIRECTION

De M. J.-L. DE LANESSAN

Professeur agrégé d'histoire naturelle à la Faculté de médecine
de Paris

VI

Volumes déjà parus de la même Bibliothèque :

I. **Les microphytes du sang et leurs relations avec les maladies,** par Timothée-Richard LEWIS. 1 vol. in-18, avec 39 figures dans le texte. . . . . 1 fr. 50

II. **La lutte pour l'existence et l'association pour la lutte,** par J.-L. DE LANESSAN, député de Paris, professeur agrégé, etc., etc. 1 vol. in-18. . . . . 1 fr. 50

III. **De l'embryologie et de la classification des animaux,** par E. RAY LANKESTER, professeur de zoologie et d'anatomie comparée à l'University College de Londres. 1 vol. in-18, avec 37 figures dans le texte. . . . . 1 fr. 50

IV. **L'examen de la vision au point de vue de la médecine générale,** par Aug. CHARPENTIER, professeur à la Faculté de médecine de Nancy. 1 vol. in-18, avec 15 figures dans le texte. . . . . 2 fr.

V. **La métallothérapie, ses origines, son histoire et les procédés thérapeutiques qui en dérivent,** par le Dr H. PETIT, sous-bibliothécaire à la Faculté de médecine de Paris, 2e édition. 1 vol. in-18. 2 fr.

VI. **Le protoplasma considéré comme base de la vie des animaux et des végétaux,** par HANSTEIN, traduit de l'allemand. 1 vol. in-18. . . . . 2 fr.

VII. **Les ferments digestifs, la préparation et l'emploi des aliments artificiellement dirigés,** par William ROBERTS, traduit de l'anglais. 1 vol. in-18 . . . . 2 fr.

Coulommiers. — Imprimerie Paul BRODARD.

BIBLIOTHÈQUE BIOLOGIQUE INTERNATIONALE

LE
PROTOPLASMA

CONSIDÉRÉ COMME BASE DE LA VIE

DES ANIMAUX ET DES VÉGÉTAUX

PAR

HANSTEIN

TRADUIT DE L'ALLEMAND

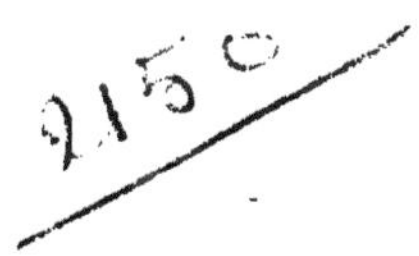

PARIS

OCTAVE DOIN, ÉDITEUR

8, PLACE DE L'ODÉON, 8

1882

LE PROTOPLASMA

CONSIDÉRÉ

COMME BASE DE LA VIE DES ANIMAUX ET DES VÉGÉTAUX

INTRODUCTION.

La plus grande énigme sur laquelle puisse méditer tout être vivant est le problème de la vie elle-même, aussi bien le phénomène de sa vie propre que celui de l'existence de ses compagnons qui vivent sans penser. La curiosité humaine cherche la solution de ce problème depuis des milliers d'années, mais jusqu'à présent toujours en vain.

Chacun connaît très bien, d'après les observations faites sur lui-même et sur les autres, les phénomènes palpables de la vie dans ses traits généraux.

Nous ne nous trouverons que rarement dans l'embarras pour décider si un corps vit ou est mort. Malgré le grand nombre et la diversité des êtres vivants, les caractères de la vie se presentent avec une remarquable uniformité à notre esprit sans que même nous en ayons conscience. La forme propre et limitée de l'être vivant, son développement et ses transformations, l'usage qu'il fait du milieu dans lequel il se trouve, la défense et l'affirmation de son individualité contre les attaques extérieures, sont les traits généraux qui se présentent à notre entendement comme l'image des manifestations de la vie. A cela il faut joindre l'anéantissement final de chaque individualité vivante et son remplacement par des descendants semblables.

Ajoutons encore la mobilité propre qui, pour beaucoup d'êtres vivants, se manifeste sous forme de locomotion volontaire, et chez d'autres, d'une manière moins ostensible, par un changement plus lent de position des diverses parties ou du tout. D'après notre impression générale, nous appelons les premiers des animaux et les seconds des plantes. Tous les deux vivent, mais ils semblent avoir des manières de vivre très différentes.

Ce qui frappe le plus dans les corps que nous appelons vivants c'est leur *individualité*. La masse principale des corps non vivants est amorphe, ainsi que les fragments de cette masse. On trouve bien aussi des minéraux individualisés, les cristaux par exemple ; mais ces derniers sont toujours formés de parties semblables qui se superposent de dehors en dedans les unes aux autres en prenant des formes régulières. Les individus vivants, au contraire, sont composés de *différents membres*, et ils croissent de l'intérieur à l'extérieur, au moyen de matériaux *extérieurs,* qu'ils s'approprient sous forme d'aliments , c'est-à-dire en les assimilant à leur propre matière. Ils utilisent pendant un certain temps les substances prises au dehors et ensuite les expulsent hors du domaine de leur corps, pour ainsi dire épuisées. Ils se développent petit à petit et changent de forme selon les circonstances.

Les membres qui se développent d'eux-mêmes sont en même temps les outils ou organes de toute cette organisation ; c'est pourquoi les corps vivants s'appellent aussi des organismes. Les cristaux n'ont pas d'organes , pas de nutrition intérieure et pas de formes mobiles indépendantes.

Une observation extérieure et superficielle même fait déjà comprendre ce que l'on ignore : comment l'activité est multiple et complexe, comment un être vivant forme son corps , l'entretient et se multiplie. Les phénomènes que nous nommons nutrition, croissance, mobilité, procréation, exigent un ensemble de travaux qui se suivent les uns les autres à des intervalles de temps plus ou moins longs, se remplaçant l'un l'autre ou s'accomplissant simultanément sans interruption pendant toute la durée de la vie. Lorsqu'une lacune se présente dans ce fonctionnement, ou une non-réussite ou même un manque de moyens d'exercice, il peut

y avoir un désordre dans l'organisme de l'individu, son existence peut être anéantie.

Toutes ces fonctions, qui se présentent dans
l'organisme, sont en partie très délicates et con-
fiées aux plus petites parcelles de matière qui
agissent entre elles, c'est-à-dire sont des opéra-
tions chimiques ; en partie plus grossières et perceptibles à la vue, elles sont alors mécaniques.
On constate surtout ces dernières dans les mouvements des corps animaux. Les mouvements des
plantes paraissent, après un examen superficiel,
être d'essence chimique.

Chez les animaux, le squelette vertébral avec
ses leviers et le travail des muscles et des tendons
sont faciles à percevoir et par cela même bien
connus de chacun. L'action chimique de la croissance est plus difficile à découvrir dans son action
cachée. En général, ses mouvements sont con-
finés dans leurs lieux d'action et ne sont pas
ostensibles. Les plantes semblent, à l'œil, rester
en place, tranquilles, sans faire de mouvements.
Mais, pour l'observateur attentif, la plus délicate
activité chimique ne manque pas à l'organisme
animal, la manifestation d'une grande force mécanique ne fait pas défaut à la plante.

La bête à cornes ne doit-elle pas soumettre les
plus grossières parties des plantes qu'elle mange
à une analyse chimique de longue durée, dans le

laboratoire que forme son estomac, avant qu'il en sorte du sang, de la viande et des os? Et, d'un autre côté, l'arbre n'élève-t-il pas sa puissante couronne de feuillage à une centaine de pieds de hauteur, et ne soutient-il pas, étendues loin de lui, ses lourdes branches?

Cependant le travail de mouvement et de transformation de la matière occupe, dans l'activité vitale des plantes, une place beaucoup plus grande que dans celle des animaux. Les plantes ont besoin d'un bien plus grand travail chimique que les animaux pour gagner leur nourriture quotidienne. Elles la retirent du sol inanimé, et par suite elles ont à opérer des changements chimiques beaucoup plus grands. Par contre, les animaux se contentent de prendre des aliments qui sont déjà chimiquement préparés par un autre organisme, celui des plantes par exemple pour les herbivores, substances qui ont déjà vécu et qui n'exigent par suite qu'un moindre travail chimique; les animaux sont ainsi rendus plus libres dans leurs mouvements et leurs changements de place.

Les plantes prennent comme aliments des combinaisons chimiques de matières très simples, sous forme d'eau, d'acide carbonique et de quelques autres sels minéraux, pour fabriquer artificiellement les amyloïdes et les albuminoïdes dont elles ont besoin ; elles accomplissent ainsi un acte chimique très complexe.

Pour ce travail, les plantes, il est vrai, ne font pas de mouvements perceptibles; au contraire de la plupart des animaux, elles n'ont pas, en effet, à courir après leur proie, mais trouvent dans le lieu qu'elles occupent les aliments dont elles ont besoin.

Mais elles sont obligées, dans le silence et d'une façon invisible, de chercher partie par partie, d'absorber, de s'approprier et de transformer ces substances en de nouveaux groupes d'atomes, de les combiner à nouveau et enfin de les adapter à chaque partie de leur corps pour sa formation ultérieure.

Il faut en général, pour atteindre ce résultat, qu'elles prennent au sol une quantité considérable de matériaux et qu'elles les élèvent à une grande hauteur.

Ce qui précède permet déjà de comprendre que les deux groupes d'êtres organisés exécutent également des travaux chimiques et des travaux mécaniques. Quel que soit le mouvement, qu'il soit seulement chimique et se produise dans le plus petit espace possible, sous forme de déplacement des plus petites parties de la matière ou atomes, ou bien que la masse totale du corps d'un grand animal ou ses pieds ou ses mains soient mis en mouvement mécaniquement, dans les deux cas il existe une connexion intime entre l'action *atomique* la *plus délicate* et le déplacement ; l'action prend son origine dans l'atome et aboutit à l'atome.

C'est un fait capital et qui frappe d'abord les yeux, que tout mouvement de la matière, même celui des masses les plus lourdes, ne peut s'effectuer qu'autant qu'un atome attire à lui un autre atome, l'entraîne avec lui ou le repousse. La goutte d'eau est absorbée par la racine de la plante au moyen d'un travail que les molécules [1] de la substance de la racine effectuent avec celles de l'eau.

Ce ne sont pas seulement les petites parties d'air qui sont absorbées par la pellicule supérieure des feuilles des plantes ou par la surface supérieure respiratoire des cellules pulmonaires des animaux qui sont soumises à la force attractive moléculaire ; les os qui ont à supporter leur propre poids et les autres parties du corps de l'animal, le tronc d'arbre qui supporte la couronne de feuillage de la plante, doivent aussi à la cohésion des atomes de maintenir entre elles les

---

1. Nous nommerons atome la dernière petite partie indivisible que l'on puisse supposer de la masse d'un élément chimique pris isolément. Par contre, nous appellerons molécule la plus petite partie d'une substance composée, chimiquement formée par la force attractive d'une société d'atomes intimement liés.

parties de leur masse. Le muscle qui met les os
en mouvement pour exécuter un vif et vigoureux
geste n'agit, en devenant plus épais et plus court,
que par le changement de forme de chacune de
ses fibres, changement produit par le déplacement
des molécules les unes sur les autres.

Dans l'enveloppe du fruit qui éclate brusque-
ment et disperse ainsi les graines, les plus petites
particules sont mises, par leur attraction réci-
proque dans différentes directions, dans un état
de tension trop considérable pour qu'elles puissent rester liées ensemble. Les centaines de kilo-
grammes de sève que l'arbre contient sont élevés
petit à petit à la plus grande hauteur, sous forme
d'atomes, par les plus petites particules du bois qui
se les transmettent comme de la main à la main.

Ainsi tout travail, grossier ou délicat, est produit, comme je l'ai déjà dit, dans l'intérieur de
l'organisme, par les petits mouvements qui nais-
sent, tantôt d'une façon, tantôt de l'autre, sous
l'influence de la force attractive des *molécules* et
des *atomes*. Si nous soumettons les plus petites
parties de la matière, celles dont la taille échappe
à l'investigation de nos microscopes actuels, à
l'action de nos verres grossissants, il se présente
à notre esprit un problème trop difficile pour que
nous puissions le résoudre au moyen de ces instruments encore imparfaits ; mais un coup d'œil

jeté sur d'autres objets suffit pour nous instruire de ce qui se passe.

Chacun sait qu'il est incontestable qu'un corps augmente de volume sous l'influence de la chaleur et diminue par le refroidissement. Une barre de fer chauffée à blanc, tirée par deux poids très lourds, les rapproche en se refroidissant. L'eau occupe plus d'espace à l'état de glace que lorsqu'elle est à l'état liquide. Quand elle gèle dans les crevasses des rochers, elle fait éclater la roche. Ces changements de volume sont produits naturellement par le rapprochement et l'éloignement des plus petites parties de ces corps au moyen de la force attractive et répulsive de la cohésion, par exemple, et de la force de la chaleur. Quand on fait bouillir de l'eau et qu'on l'amène ainsi à occuper subitement, sous forme de vapeur, un espace beaucoup plus grand, si cet espace lui manque, elle renverse et détruit tous les obstacles qu'elle rencontre : lourde chaudière, navire, maisons ; et c'est seulement l'écartement des molécules qui produit cette force. Par ce qui précède, nous avons rappelé à la mémoire un exemple puissant du travail des molécules.

On peut aussi montrer que la force des muscles, l'excitation qui parcourt les nerfs, l'aspiration de la sève par les racines, son emploi dans les feuillages, la croissance et la transformation des grands comme des petits organes et des tissus sont produits par le travail des molécules matérielles. En admettant que chaque mouvement de l'organisme, qu'il nous soit perceptible ou non, résulte d'un travail mécanique des atomes matériels, et que les mouvements atomiques sont le point de départ de tous les changements qui se produisent dans les organismes, nous avons fait un grand pas vers l'intelligence des principaux phénomènes qui s'effectuent dans ces organismes.

A l'aide de ces connaissances fondamentales, la science moderne a pu essayer, avec profit, d'expliquer tous les changements, tous les mouvements qui se produisent dans l'intérieur de l'organisme ; et, à l'aide des lois qui régissent les rapports des atomes de tous les corps dans la nature inorganique, on a réussi à expliquer un grand nombre de phénomènes ; mais il en reste encore beaucoup à étudier.

Il faut résoudre la question de savoir comment toutes les actions produites dans chaque être vivant découlent des causes infimes dont nous venons de parler, d'où vient la force qui agit et quel est le lieu d'action de cette force. Mais rechercher la source de ces forces et leur mode d'action sur les atomes ou sur les parties les plus volumineuses, c'est chercher quel est le siège primordial de la vie elle-même.

I

La cellule organique.

Celui qui veut comprendre une machine à vapeur dans son activité n'a pas assez appris s'il n'a fait qu'examiner l'action calorifique des charbons incandescents et la force expansive de la vapeur d'eau. Il doit encore étudier, dans tous leurs détails, comment la chaudière et les tuyaux sont adaptés ensemble, comment les vis et les soudures les relient, comment les ressorts et les leviers fonctionnent et comment les rouages tournent. Il doit pouvoir comprendre comment tout se passe en étudiant la construction de la machine et le travail accompli. Il doit pouvoir étudier comment les forces agissantes atteignent un résultat précis.

Des recherches analogues sont nécessaires dans l'étude des machines très compliquées et agrégées qui constituent un corps vivant, pour comprendre au moins à peu près leur organisation, leur fonctionnement et leur action. Surtout ici, il ne suffit pas de saisir, d'une façon générale, le travail des leviers et des appareils de mouvement, celui des pompes aspirantes et foulantes qui font circuler la sève et l'air dans les animaux et les plantes. On doit bien plus aspirer. ainsi que nous venons de le dire, à comprendre les actions produites par les forces moléculaires.

On doit aussi étudier chaque force de pression, d'attraction, de levier, de ressort, en remontant jusqu'à leur première source, dans leur plus délicate influence et action.

Mais aucun œil humain, aucun scalpel ne découvrira ces arcanes et ne fera atteindre ce but sans invoquer d'autres secours.

Il faut les rechercher avec le microscope et enfin analyser leurs lois physiques et chimiques dans toutes leurs activités avec la plus scrupuleuse exactitude et en tenant un compte sévère des observations déjà faites.

Le muscle est composé de paquets de filaments, ceux-ci de fibrilles distinctes. Les os, les tendons, les ligaments, les téguments etc., toutes les parties du corps de l'animal, consistent en parties filamenteuses ou de forme courte, arrondie, comme un grain ou une vésicule, ou toutes autres formes analogues, qui toutes, quelque différentes qu'elles semblent être, peuvent être ramenées aujourd'hui, par l'anatomie comparée, à une seule et unique forme primordiale et fondamentale.

Ces petites parties primordiales isolées ou réunies en groupes produisent et composent chaque organe.

Ce fait trahit mieux ses secrets dans la structure de la plante légère et transparente que dans l'architecture ingénieuse du corps animal. On reconnaît bientôt dans la plante que tous ses organes, qu'ils soient durs ou mous, ligneux comme le bois ou filandreux comme le liber, construits d'une façon ou de l'autre, sont constitués constamment par les mêmes petits corpuscules, que l'on peut découvrir partout avec le microscope.

Ces corpuscules sont constitués d'une manière assez identique pour qu'on puisse les considérer comme ayant partout la même valeur et comme étant les premières pierres fondamentales ou les éléments de la forme de la structure organique. D'après la physionomie particulière qu'ils présentent, principalement dans le corps des plantes, on les a nommés *cellules*. Malgré certaines objections sérieuses contre l'emploi de ce nom, il a été trop généralement admis pour que l'on puisse tenter de le changer et de le remplacer par un nom plus convenable.

C'est l'Anglais Robert Hooke, au milieu du xviie siècle, ce siècle si riche en grands faits se rapportant à l'histoire naturelle, qui le premier, aidé du microscope qui venait d'être inventé, a découvert la construction cellulaire du corps des plantes.

Marcello Malpighi et Nehemia Grew, dans leurs

travaux célèbres sur l'anatomie des plantes, travaux qui furent couronnés par la Société royale de Londres, complétèrent cette découverte en montrant que ce sont des cellules qui composent toute la masse principale du corps des plantes. Un travail de deux siècles a maintenant appris aussi que toutes les parties les plus fines, les plus délicates, qui n'ont pas l'apparence de cellules, dérivent pourtant d'elles.

Après un grand nombre de remarquables recherches, qui consolidaient et augmentaient cette connaissance, Hugo de Mohl était destiné, de 1820 à 1830, à mettre en pleine lumière la structure élémentaire des cellules des plantes dans sa simplicité ingénieuse. Il ne posait pas seulement les premiers fondements certains de nos connaissances actuelles sur ce sujet, mais encore il en exposait clairement tous les traits importants. Bientôt après, Théodore Schwann réussit à donner la preuve évidente que non seulement le corps des plantes, mais aussi celui des animaux est formé de cellules, et seulement de cellules, c'est-à-dire entièrement de petits éléments de forme architecturale d'une valeur égale, et cela dans toutes ses parties. Un grand nombre d'autres naturalistes ont, depuis cette époque, confirmé, par l'histoire du développement, non seulement l'uniformité absolue, mais encore l'unité de vie de la cellule, de sorte que l'on peut admettre maintenant, à coup sûr, que tout le monde organique est formé par elle.

Pour étudier le plus sûrement la nature de ce petit être élémentaire, énigmatique, nommé cellule, il faut s'adresser d'abord, principalement, à la connaissance microscopique du corps des plantes. De même que, dans la construction d'une maison, les briques, les grands ouvrages de charpenterie, les voliges, les poutres, les planches, les crampons de toutes sortes et de toutes formes, disposés à côté les uns des autres, forment l'ensemble du bâtiment, ainsi la construction de la plante se compose de cellules de toutes formes, de toutes figures, courtes et longues, rondes et anguleuses, solides, dures et molles, coordonnées avec méthode et avec ordre, et d'après une loi architecturale précise.

Les cellules les plus primitives et celles qui s'en rapprochent le plus sont celles auxquelles, d'après leur apparence, on a trouvé bon de donner plus spécialement la dénomination de cellules, et celles-là, on ne peut en disconvenir, peuvent être, encore aujourd'hui, jusqu'à un certain point, considérées comme des cellules primordiales. Nous voyons déjà avec un faible grossissement microscopique une quantité de petites chambres closes, entourées de parois qui se tiennent, reposant les unes contre les autres comme les alvéoles d'une ruche d'abeilles, et remplissant tout l'intérieur des diverses parties de la plante. Une observation plus attentive nous apprend facilement à reconnaître une différence très sensible entre les alvéoles de cire des abeilles et les cellules du corps des plantes. Celles-là sont, ainsi que les chambres d'une maison et les bulles de la mousse de bière ou les yeux du fromage, séparées l'une de l'autre par une simple paroi, qui appartient toujours en commun à deux cavités cellulaires. On peut se les représenter comme des cavités creusées dans une masse commune, unique. Il n'en est pas ainsi des cellules des plantes. Chacune d'elles a sa paroi propre et particulière, chacune est par elle-même une cavité propre, enfermant une individualité; chacune est complètement indépendante de toutes ses voisines, alors même qu'elle est comprimée par elles de la façon la plus absolue. On peut, à l'aide de certains réactifs chimiques, séparer les cellules l'une de l'autre et arriver à les étudier isolément. On s'assure ainsi qu'elles possèdent une paroi fermée qui les enveloppe chacune complètement et qui est propre à chacune d'elles.

Beaucoup de cellules du corps des plantes, principalement celles qui, dans les parties les plus anciennes, appartiennent aux tissus qui ne croissent plus, sont des espaces dont l'intérieur est vide, ou qui au moins paraissent être ainsi à la suite d'une recherche superficielle. Elles ont alors l'aspect de vraies cellules ou petites chambres. D'autres nous montrent toutes sortes de contenus; mais celles-ci ne dénotent ni un ensemble particulièrement organique ni une individualité propre. Le plus petit nombre laisse reconnaître dans leur intérieur un être indépendant, d'une constitution particulière, qui remplit plus ou moins la cellule et joue en elle un rôle spécial. L'enveloppe cellulaire cache ainsi, dans sa cavité intérieure, un corps délicat formé différemment, d'une consistance analogue à celle de la gélatine et qui se trouve le propriétaire et l'habitant de l'intérieur de la cellule. Des recherches plus exactes apprennent que pas une des cellules du corps de la plante, prenant encore part à l'activité chimique, n'est dépourvue d'un semblable habitant, et les recherches qui ont été faites depuis Mohl en si grand nombre, à l'aide des meilleurs microscopes, ont de plus en plus mis en lumière que ces habitants délicats de la chambre cellulaire ne sont pas seulement les parties principales les plus importantes des cellules, mais que ce sont eux seuls qui se bâtissent à eux-mêmes l'enveloppe de la cellule qu'ils habitent, ou pour ainsi dire qu'ils se sont construit une demeure adaptée à leur corps et une carapace solide. Nous savons enfin que la paroi cellulaire ne se comporte pas autrement envers les habitants dont nous parlons que les coquilles à l'égard des mollusques qui les confectionnent avec leurs propres substances. L'élément principal n'est pas la paroi cellulaire, mais bien le corps délicat qu'elle contient dans sa cavité. Ce n'est ni la paroi ni chacune des autres substances qui rempliront plus tard la cellule, qui constituent le corps propre de la cellule, mais bien le petit corps intérieur et délicat, semblable à de la gélatine ; c'est lui qui est le corps de la cellule individualisée ; la paroi qui le renferme est seulement comme le vêtement qu'il s'est confectionné lui-même.

C'est pour cela que Hugo de Mohl à qui, comme nous l'avons déjà dit, nous devons d'avoir déterminé ses rapports, donne à ce petit corps délicat le nom de *protoplasma*, indiquant par là que ce corps est aussi bien le modèle que le créateur de la cellule et représente une matière organisée (plasma) qui se constitue d'elle-même.

Maintenant que ces naturalistes ont exposé clairement et indiqué, de la façon la plus précise, la délicate architecture, le développement du corps des plantes, il s'agit d'étudier ce singulier petit être, ce délicat et vivant petit corpuscule de la cellule qui, dans chaque plante, de quelque grosseur qu'elle soit, fait agir sa force d'une manière secrète de toutes façons. Ce sont ces milliers de

petits corps que nous devons surtout examiner de
près.

II

Conformation de la cellule vivante.

Les cellules des plantes ne sont pas des cavités
ou des petites chambres creusées dans une substance primordiale fondamentale, homogène,
mais bien de délicats petits corps individualisés,
qui se forment et se construisent eux-mêmes, et
sont armés de toutes sortes de forces. Chacune vit
individuellement et suivant la loi d'organisation,
pour accomplir convenablement son œuvre; elle
est environnée d'une enveloppe solide et compacte.
L'être isolé que nous nommons protoplasma est le
véritable élément morphologique de l'ensemble de
l'organisme, pour ainsi dire son atome de vie.
Il est garanti par les parois cellulaires, qui cependant ne l'isolent pas complètement et n'empêchent pas son action, mais l'enveloppent comme
une sorte de manteau.

Si nous prenons pour exemple une cellule pa-
renchymateuse de plante, c'est d'abord la paroi
qui frappe notre regard. Elle est claire et transparente comme le verre, incolore, et offre l'apparence d'une structure régulière ; elle limite de
tous côtés la cavité de la cellule.

Cette paroi prend diverses formes ; elle est d'une certaine solidité, mais en même temps souple, flexible et cédant sous la pression. Les cellules prennent des dimensions diverses et se développent inégalement dans les différentes directions. Cependant presque toutes ont une forme arrondie, ovoïde ou irrégulièrement prismatique. Quant aux cellules de forme mathématiquement régulière, ayant des angles droits ou arrondis et une conformation géométrique, il ne s'en rencontre ni dans les tissus cellulaires des plantes ni dans ceux des animaux ; de telles cellules n'apparaissent jamais dans la nature organique. Elles ne jouiraient pas de la souplesse qui leur est nécessaire.

Il y a encore une autre propriété principale de la membrane, appartenant aussi bien à la cellule la plus simple qu'à chacune des autres formes de cellules : c'est qu'elle est perméable à toutes les substances que la cellule tient en dissolution et peut recevoir dans son intérieur des quantités d'eau différentes. La substance de la membrane cellulaire dans son état de jeunesse et encore simple offre toujours la composition chimique suivante : six atomes de carbone, dix d'hydrogène et cinq d'oxygène ($C^6H^{10}O^5$). Elle est, en cet état, nommée *cellulose*.

La structure de la membrane cellulaire permet au corps de la cellule, malgré l'enveloppe solide

qui l'enferme, d'absorber à chaque moment, dans
le milieu extérieur, le liquide nourrissant qui lui
est nécessaire. Par là aussi, le corps cellulaire reste
en constant rapport avec ses voisins et fait librement avec eux des échanges de substances diverses.

Dans la cavité de la cellule, le corps de la cellule, le protoplasma dont nous avons parlé, est
loin d'être le seul objet qui frappe nos regards.
Une grande partie de la cavité est remplie par de
l'eau, dans laquelle toutes sortes de matières
sont en partie en dissolution, en partie suspen-
dues sous formes de corps solides ou gélatineux.
Ce sont surtout ces corps solides qui tout d'abord
attirent l'attention de l'observateur. Des grains
d'amidon transparents, incolores, des cristaux,
des corpuscules de matière colorée et principalement les petits corpuscules verts de chlorophylle
qui donnent la coloration caractéristique au corps
de la plante, se présentent communément dans
l'intérieur des cellules.

A cela il faut ajouter souvent des gouttes
d'huile ou différentes substances organiques gélatineuses. Par leur couleur, leur structure plus
dense, et leur enveloppe plus solide, aussi bien
que par leur plus grande réfringence qui les rend
visibles, ces corpuscules attirent l'attention de
l'observateur sur eux-mêmes et sur des habitants

plus importants de la cellule. Ceux-ci se présentent, en général, sous la forme de substances délicates, qui, d'après l'apparence, sont gélatineuses. Elles sont emmagasinées en partie le long de la paroi cellulaire, en partie dans son épaisseur.

La pellicule immédiatement accolée à la paroi cellulaire forme une enveloppe tout aussi fermée que la membrane cellulosique; seulement cette dernière constitue une capsule comparativement résistante, qui conserve une forme déterminée, tandis que l'autre représente un sac en général plus mince, plus délicat et plus flexible, ne devant sa résistance qu'à la membrane de cellulose contre laquelle il s'appuie et qu'il s'est fabriquée lui-même pour cet usage. Cette utricule protoplasmique paraît, à cause de son peu de puissance de réfraction, transparente comme la paroi cellulaire, et est incolore aussi longtemps qu'elle est vivante [1].

Cette utricule est souvent, à cause de cela, très difficile à distinguer de la membrane cellulaire qui, sous le microscope, est caractérisée par les lignes très nettes de son contour. Il est nécessaire

---

1. Dans des dessins et des descriptions de livres d'enseignement et d'autres, et non dans les plus mauvais, le protoplasma est souvent représenté comme presque massif, même souvent comme un corps coloré en jaune. Les auteurs de semblables définitions n'ont eu sous les yeux que des corps de cellules mortes.

pour cela d'avoir des instruments d'optique très puissants.

Cette utricule est la partie la plus constante du corps protoplasmique; même dans les cellules où les autres parties du protoplasma ne sont plus reconnaissables, cette utricule peut encore être reconnue. C'est cette utricule que Hugo de Mohl, comme nous l'avons déjà dit, a considérée comme la partie fondamentale et primordiale de la cellule végétale. Il la désigna sous le nom très convenable d' « utricule primordiale » (Primordialschlauch), nom qu'elle possède encore aujourd'hui.

Après l'utricule primordiale, qui forme toute l'enveloppe extérieure du corps de la cellule vivante et, comme nous le verrons, exerce son activité à l'extérieur, il y a encore une autre partie qui, placée en un point de la cavité de la cellule, se présente comme membre caractéristique du corps protoplasmique. Une masse de substance semblable ou analogue au protoplasma, arrondie, semble en divers points accolée immédiatement à l'utricule primordiale ou suspendue dans la cavité cellulaire, et est désignée, à cause de sa forme, sous le nom de *noyau cellulaire*. En général, ce noyau existe dans les cellules vivantes aussitôt que l'utricule primordiale, et on ne connaît que peu de cas dans lesquels on ne l'ait pas trouvé.

Le noyau est considéré comme l'organe le plus important du protoplasma, quoiqu'il soit encore impossible, jusqu'à présent, d'indiquer d'une manière suffisamment claire toute sa signification et son action. On ne peut encore émettre aucune opinion définitive relativement aux délicates et importantes fonctions de ce corps énigmatique. Sa délicate structure intérieure, dont nous parlerons plus tard, est soumise à certains changements étranges.

Enfin, dans beaucoup de cas, la cellule simple dont nous parlons ici se complique encore d'autres membres intérieurs qui apparaissent dans l'organisme du protoplasma sous forme de bourgeons ou de replis de l'utricule primordiale, en jaillissent et alors souvent s'allongent dans une direction quelconque à travers la cavité de la cellule, et vont de l'autre côté se rattacher de nouveau à l'utricule.

Ces prolongements sont formés par le protoplasma de l'utricule primordiale, dont ils ne constituent que des excroissances. On les désigne, pour cette raison, sous le nom de « Protoplasmabänder » (rubans protoplasmiques). Ils courent dans toutes les directions, se séparent, se nouent de nouveau et se réunissent d'habitude plusieurs ensemble, dans le point où se trouve le noyau cellulaire qu'ils recouvrent de leur substance.

Telle est la structure habituelle de la cellule ; nous pouvons la résumer de la façon suivante :

A la périphérie existe la membrane dense, close, formée de cellulose. Sur la face interne de cette membrane repose, en adhérant à elle d'une manière très intime par sa face externe, l'utricule primordiale, qui est également tout à fait close. De l'utricule primordiale, partent des rubans de protoplasma plus ou moins épais qui s'enfoncent, dans toutes les directions, dans la cavité de la cellule, se ramifient, se soudent les uns aux autres, se séparent et se réunissent de nouveau pour aller se fixer sur un autre point de la cellule à l'utricule primordiale. Dans l'épaisseur de l'utricule primordiale ou dans l'intérieur de la cavité de la cellule, entre les rubans de protoplasma, au niveau d'un de leurs points de rencontre, se trouve le noyau de la cellule. Les rubans protoplasmiques sont comme la membrure solide du protoplasma. Les espaces situés entre ses parties sont remplis par un suc liquide, dans lequel sont çà et là dispersés les corps nommés plus haut.

La plus grande partie des corpuscules chlorophylliens et beaucoup de grains d'amidon se trouvent plongés dans le corps du protoplasma, mais lui sont manifestement étrangers.

Si, d'après ce qui a été dit déjà, le corps des

cellules ordinaires du parenchyme végétal nous apparaît plus compliqué par sa structure que ses enveloppes, une observation plus approfondie montre encore des différences plus délicates et des phénomènes plus frappants. D'abord la substance du protoplasma ne se montre pas aussi homogène que celle de la membrane de la cellule. En effet, sa masse fondamentale est claire, transparente comme le verre et ressemble à une gélatine informe. Pourtant, au moyen d'un fort grossissement, on peut lui reconnaître des inégalités de densités par la formation, dans l'épaisseur des rubans protoplasmiques, de courants allant dans différentes directions. On trouve encore, d'habitude, disséminés dans toute la masse du protoplasma, un très grand nombre de petits corpuscules. Ils apparaissent très différents en taille et en nombre, tantôt pressés, tantôt dispersés isolément dans la substance fondamentale. Les plus petits de ceux que nous voyons atteignent les limites inférieures de notre vision, et d'autres, encore plus petits, se perdent certainement au-dessous de ces limites.

La plus grande partie de ces petits grains semblent conserver une certaine régularité de grosseur moyenne et avoir aussi une forme semblable sphérique. Lorsque les petits corpuscules sont irrégulièrement dispersés, certaines parties du protoplasma, dont nous parlerons plus tard plus en détail, affectent des caractères différents, dus à leur présence ou à leur absence. Par suite, on a cru pouvoir considérer certaines couches du protoplasma comme différentes; on a, par exemple, voulu distinguer une couche extérieure, souvent pauvre en granulations, sous le nom de *couche cutanée*, et une couche qui la suit immédiatement vers l'intérieur et qu'on a nommée *couche granuleuse*. Ce qui est bien plus frappant, c'est que les granulations peuvent s'accumuler dans ces couches ou dans la substance fondamentale. La substance fondamentale uniforme, qui a été désignée dernièrement par le nom de « hyaloplasma », est à proprement parler le protoplasma dans le sens le plus absolu du mot, ainsi que la suite le démontrera d'une manière claire. Les petites granulations du protoplasma peuvent elles-mêmes être désignées sous le nom de *microsomes*.

Nous verrons que les parties du protoplasma qui possèdent des granulations peuvent s'en débarrasser et devenir du protoplasma hyalin dépourvu de granulations et homogène.

Le noyau contenu dans le protoplasma cellulaire ne se borne pas, de son côté, à offrir certaines différences morphologiques, mais il trahit aussi dans sa composition élémentaire quelques différences avec celui du reste du protoplasma;

pour cette raison, on a nommé *nucléïne* la combinaison de matières hypothétiques qui forment le noyau de la cellule, pour la distinguer du reste du protoplasma. C'est surtout après la mort du corps de la cellule que se trahit la différence.

La masse du noyau apparaît habituellement plus dense et par suite plus opaque que les autres membres du protoplasma. Le noyau se rétracte, d'habitude, fortement, après la mort et prend la forme d'une espèce de boule et un volume moindre que celui qu'il avait à l'état vivant[1]. La substance du noyau vivant n'est pas distincte d'une manière frappante de celle du protoplasma, mais pourtant se comporte envers plusieurs réactifs chimiques un peu différemment, et le noyau se trouve coloré parfois de tons un peu différents de ceux du protoplasma par certaines matières colorantes. La masse du noyau présente aussi, dans son intérieur, des substances plus denses. Presque toujours, on y voit distinctement de

1. Des cellules, détachées des tissus auxquels elles appartenaient, ne restent pas vivantes longtemps dans de l'eau pure. Il leur faut un liquide analogue à la sève des plantes. Si l'on n'est pas en mesure de s'en procurer une quantité suffisante, on peut se servir d'une **dissolution** très légère de sucre ou de glycérine.

On peut aussi mêler du blanc d'œuf animal avec de l'eau. Dans l'eau pure, le noyau de la cellule se gonfle fortement ; sa couche **extérieure** devient comme une mince petite peau en forme de vessie, jusqu'à ce qu'elle crève et laisse couler le liquide qu'elle a reçu, et le reste de la substance solide du noyau se rétrécit. Celui-ci, qui n'est plus souvent que la moitié de ce qu'il était à l'état vivant, prend alors l'apparence d'une sorte de cire.

petits corpuscules arrondis, particuliers, entourés d'un cercle brillant; ces corpuscules sont, d'après l'apparence, formés de matières qui se différencient du noyau et à cause de cela deviennent visibles. On donne à ce corpuscule, qui presque sans exception offre souvent lui-même un bon moyen de reconnaître le noyau de la cellule, le nom de *nucléole*. Parfois aussi, il se trouve deux de ces petits corpuscules dans un même noyau; dans certaines conditions que nous aurons plus tard à étudier, il y en a même jusqu'à trois et encore plus.

Le noyau cellulaire se trouve, comme il a été déjà dit plus haut, ou bien fixé à l'utricule primordiale ou bien, plus souvent, presque toujours même, en suspension dans la masse du protoplasma; ou bien, s'il a pris position dans l'intérieur de la cavité de la cellule, on le rencontre au point de jonction de tous les rubans protoplasmiques. Toujours, il est complètement et de tous côtés recouvert par la substance de l'utricule ou des rubans protoplasmiques, de manière que, dans le dernier cas, il paraît comme entouré d'un sac particulier, qui est suspendu entre les rubans. Cette enveloppe, qui ne manque jamais au noyau cellulaire vivant, peut donc être désignée sous le nom de bourse du noyau (*Pericoccium*). Elle contient en général de nombreuses granulations, ainsi que les rubans et l'utricule primordiale.

Il y a donc déjà beaucoup de parties distinctes les unes des autres à noter pour l'observateur dans la partie vivante d'une cellule construite avec la plus grande simplicité : l'utricule primordiale, qui forme une membrane ou enveloppe protoplasmique ; les rubans, qui sont comme les membrures de l'utricule, le noyau avec sa poche ou enveloppe, et ses corpuscules ; enfin dans l'intérieur de toutes les parties protoplasmiques de l'utricule, des rubans et de l'enveloppe du noyau, les microsomes ou granulations plasmiques, qu'il faut distinguer de la masse fondamentale protoplasmique, désignée, dans son uniformité optique, sous le nom d'*hyaloplasma* (protoplasma fondamental).

Non seulement tous ces membres du corps de la cellule peuvent être distingués déjà physionomiquement de la capsule qu'ils habitent, mais ils sont encore distincts au point de vue de la matière qui les constitue. Dans la substance du protoplasma. on a reconnu depuis longtemps des matières qui ont une grande analogie avec le blanc d'œuf et qui ont été désignées sous le nom d'*albumine* ou *matière protéique*. La composition de toutes ces matières est tout à fait analogue. Toutes sont composées de carbone, d'hydrogène, d'oxygène, d'azote et de soufre. La chimie organique a des raisons d'ad-

mettre qu'il faut un très grand nombre d'atomes
de ces éléments pour constituer une molécule de
protéine, quoiqu'en ce moment elle n'en con-
naisse pas suffisamment la structure atomique
pour se faire une idée exacte de la façon dont
les molécules sont combinées les unes avec les
autres. Toutes les réactions des parties protoplasmiques sont semblables à celles de l'albumine
dont nous venons de parler, de telle sorte que la
substance constituante du protoplasma peut être
considérée comme de l'albumine ou comme un
mélange de plusieurs composés analogues. Nous
ne pouvons pas déterminer si le protoplasma, la
masse du noyau, les microsomes, sont tous mé-
langés absolument dans la même proportion. Ce
n'est cependant pas tout à fait vraisemblable, vu
qu'ils ne se comportent pas de la même façon avec
les réactifs et les matières colorantes. Il est vrai
qu'on pourrait motiver cette dissemblance en partie
sur les différentes épaisseurs de couches de leurs
molécules, en partie sur l'entassement mécanique
d'autres matières qui y sont mélangées, principalement sur leur différente richesse en eau. Cependant, ainsi qu'on le donnera à entendre plus tard,
ces raisons paraissent à peine suffisantes. Toujours
est-il qu'il sera utile, pour l'instant, de désigner
d'un seul nom les formes albuminoïdes spéciales
que la masse du protoplasma de toutes les cellules

végétales semble former, et qui peut-être aussi constitue encore la substance fondamentale de la masse du noyau et des microsomes, ou qui est mêlée avec eux, nom qui, il est vrai, pour l'instant ne peut avoir qu'une valeur hypothétique, car nous ne savons pas encore si cette substance est une seule combinaison d'albumine ou un mélange.

De l'opinion qu'on vient de développer ici, il ressort qu'un seul composé albuminoïde ou une combinaison multiple constitue la substance dont la nature se sert comme d'outil et de matière première pour tous les travaux mécaniques, chimiques et vitaux qui s'effectuent dans le corps du protoplasma. Cette substance a été nommée *protoplastine*. Nous reviendrons plus loin sur ce sujet.

A côté de ces observations sur la forme et la matière constituante des cellules, il y en a d'autres encore qui sont susceptibles de jeter une grande lumière sur la construction et l'organisation du corps cellulaire vivant.

III

Phénomènes de mouvements dans le corps cellulaire. Courants de sève. Leurs résultats.

Ce qui a été dit jusqu'à présent sur la constitution du corps cellulaire protoplasmique dépeint

son état, à la manière d'une image photogra-
phique instantanée qui montre au repos les objets
ordinairement très actifs. Un tel état de tranquillité de l'intérieur des cellules vivantes n'est
ni habituel ni naturel.

Bien des mouvements qui résultent du travail
qui se fait dans l'intérieur du corps cellulaire
sont visibles à l'œil, et même ils se présentent
d'une manière ostensible sous deux formes. On
remarque, d'une part, dans l'espace cellulaire
rempli de sève, des courants qui le traversent ;
d'autre part, ce sont les déplacements de la membrure du corps cellulaire elle-même, dépeints plus
haut, déplacements qui prouvent que toute sa
structure n'est pas définitive et immuable, mais
disposée en prévision de transformations inces-
santes.

Les parties du protoplasma ne sont pas formées comme les organes plus grossiers des corps
vivants, pour occuper une place spéciale et avoir
une fois pour toutes une destination fixe. Elles
peuvent changer à chaque instant leur structure,
leur emplacement, et, probablement aussi, leur
destination.

D'après la règle établie, on prend pour l'étudier
une cellule dont les courants sont plus rapides
que les mouvements de la membrure, qui s'opè-
rent plus lentement, et on la met sous le micros-

cope. C'est par là qu'il faut commencer l'examen. Ce que l'on voit d'abord ce sont des rangées et des trains de petites granulations protoplasmiques, qui vraisemblablement sont entraînées dans les rubans de la cavité cellulaire par un courant liquide qui, à cause de sa transparence, ne peut pas être suffisamment distingué. Des courants plus ou moins larges de granulations se dirigent d'un côté de la paroi à l'autre dans différentes directions, se séparent fréquemment en chemin ou coulent en se réunissant plusieurs ensemble en un seul torrent jusqu'à ce qu'ils arrivent de l'autre côté sur un autre point de la paroi. Il en résulte souvent un système d'ensemble de petits courants réunis comme les mailles d'un filet.

Revenues à un point de la paroi qui les entoure, il semble que les processions de petits grains cheminent le long de celle-ci, allant dans différentes directions, jusqu'à ce que de nouveau elles arrivent dans un ruban protoplasmique dont elles parcourent la longueur. Dans certains rubans voisins ou même dans un seul et même ruban, on observe des courants allant dans des directions opposées et marchant à la rencontre l'un de l'autre; parfois même, plus de deux courants s'agitent dans le même ruban protoplasmique.

Quand on veut observer l'utricule primordiale dans toute l'étendue de la surface, le mieux est d'examiner la différence ou le jeu contraire des courants des granulations. Le liquide qui contient les granulations se déverse, comme sortant d'un canal étroit, sur le large espace de la membrane protoplasmique, semblable à la source du ruisseau qui, sortant de son lit étroit, s'étend sur le sol de la plaine. Coulant plus lentement, il se sépare en une masse de petits torrents qui courent dans différentes directions ou se divisent sur une grande surface de l'utricule primordiale. Ces mouvements occasionnent des marées et même de petits tourbillons. Toujours est-il que les petits fleuves coulent à côté l'un de l'autre ou à l'encontre l'un de l'autre, maintenus dans leur lit assez régulièrement et sur de longs espaces, chacun restant indépendant des courants voisins.

On voit nettement les microsomes, qui, suivant leur masse et leur grandeur, se déplacent tantôt plus lentement, tantôt plus vite, et fournissent ainsi la preuve certaine et convaincante qu'ils sont charriés par le liquide en question. Des masses de protoplasma muqueux sont parfois elles-mêmes entraînées, ainsi que les corpuscules chlorophylliens, mais d'autant plus lentement que ces corps sont plus lourds. Plus les corps qui sont entraînés par le courant sont gros, plus ils semblent rester en place. Parfois, on voit les petits corpuscules s'arrêter, s'amasser et se rassembler, puis subitement repartir et se porter rapidement en avant, comme il arrive aux pierres et autres corps entraînés et roulés dans le lit étroit d'un torrent. Ces granulations sont sans nul doute arrêtées dans leur course par des obstacles qu'elles ne peuvent surmonter.

Les courants dont le cours est limité au domaine de l'utricule primordiale sont séparés de la cavité remplie de sève de la cellule et se divisent d'une façon particulière ; ils se présentent non seulement à proximité de la membrane cellulaire, mais encore dans des portions épaissies de l'utricule primordiale qui font saillie dans la cavité de la cellule et qui sont en communication avec les rubans qui traversent cette cavité et dans lesquels se prolongent les courants.

Les courants qui existent dans les rubans protoplasmiques de la cavité cellulaire et dans l'épaisseur de la membrane la plus interne ont été l'objet de nombreuses discussions scientifiques. Ceux qui se représentent mal l'organisation propre et délicate du protoplasma ne voient dans les courants que des mouvements déterminés dans la sève cellulaire par des phénomènes chimiques ou physiques : par exemple, par des différences de température ou autres phénomènes qui déterminent dans les liquides de la cellule des courants qui entraînent les petites parties solides dans une certaine direction, comme il arrive pour les courants de l'Océan, qui se meuvent dans une direction constante.

Par contre, d'autres naturalistes, ceux surtout qui sont disposés à trouver partout de l'analogie, au point de vue des phénomènes de la vie, entre les plantes et les animaux, croient que les courants qui traversent l'intérieur de la cellule sont produits dans un système de petits vaisseaux comparables aux vaisseaux capillaires des appareils de la circulation du sang des animaux.

On pourrait admettre cette dernière opinion, s'il existait dans l'intérieur de la cellule un réseau de lits de courants offrant toujours une organisation *constante*.

Au contraire, la première manière de voir pourrait être acceptée si l'on négligeait la limitation précise des courants qu'indiquent les trains de granulations qui parcourent leurs lits.

La vérité se trouve entre ces deux manières de voir. Pour la reconnaître, il faut encore prendre en considération les autres formes sous lesquelles ces phénomènes se produisent. Nous devons d'abord ici nous en tenir à la forme qui leur est habituelle dans une grande partie des cellules des plantes les plus élevées. Mais celles-ci ne présentent pas toujours les phénomènes sous leur forme la plus simple et la plus remarquable. Bien plus, les mouvements protoplasmiques se présentent dans un certain nombre de plantes aquatiques appartenant aux groupes les plus élevés des végétaux, tantôt sous la forme la plus compliquée, tantôt sous la forme la plus simple.

Dans les cellules des feuilles et des racines légèrement transparentes des Naïadées et de plusieurs Hydrocharidées (par exemple *Vallisneria, Elodea,* etc.), ainsi que dans les *Chara* et *Nitella,* l'utricule primordiale se montre manifestement, ainsi que tout ce qui en dépend, dans un mouvement constant dirigé en sens divers.

Le protoplasma, avec ses granulations et ses corpuscules chlorophylliens, tourbillonne constamment et souvent très vite dans la direction du plus grand diamètre des cellules. Le noyau de la cellule lui-même, qui semble trôner dans une tranquille quiétude au milieu des courants délicats qui le circonscrivent, est voué ici au même sort et est soumis à un mouvement rotatif manifeste.

Sous cette forme, les mouvements qui existent dans la cavité cellulaire furent d'abord découverts dans l'année 1772 par Bonaventura Corti; mais cette merveilleuse découverte ne fut pas prise en considération; elle fut renouvelée en 1806 par G.-R. Treviranus. Cette observation est facile à faire dans certaines parties d'autres plantes, où il est aisé d'examiner les courants décrits plus haut ; on les a considérés partout comme des preuves en faveur de la manifestation de la vie, et on les cite à cause de cela dans tous les livres d'enseignement.

Cependant, quelque utiles que soient ces faits, on ne peut pas nier que le nombre restreint de ceux que l'on cite ait pu conduire à cette opinion généralement répandue que ce phénomène cellulaire est une exception. On doit reconnaître pourtant que des phénomènes semblables se produisent dans toutes les plantes.

On a considéré d'abord le mouvement des substances plasmatiques qui se présente dans les *Chara*, *Elodea*, etc., comme différent des courants qui existent dans les rubans protoplasmiques des cellules des autres plantes, et l'on a donné à cette sorte de rotation le nom de circulation. On ne prend pas garde que les courants de sève qui circulent dans l'intérieur des cellules ont un circuit également limité et qu'aussi, dans les cellules dans lesquelles ce phénomène se produit, les mêmes courants n'existent pas toujours dans les rubans transversaux, et alors toute la circulation de liquide est restreinte à l'utricule primordiale. On doit en déduire qu'il ne s'agit ici que de courants présentant un caractère spécial, qui les distingue des courants qui existent dans la plupart des cellules.

Examinons les caractères de ce phénomène, afin de décider entre les différentes manières de voir émises pour l'expliquer. Nous constatons d'abord que les courants ne quittent pas le lit qui leur est creusé dans le protoplasma et qui les sépare des autres liquides cellulaires, quoique les limites de ce lit échappent à notre observation par leur délicatesse. Une petite granulation entraînée sur la limite d'un courant ne s'écarte que rarement de son chemin et n'abandonne pas facilement ses compagnons entraînés dans le milieu du courant. On ne voit nulle part de dérangement forcé ou convulsif entraîner les particules situées en dehors du courant. On ne voit pas non plus le liquide qui remplit la cellule être influencé par le courant ou être attiré par lui. Sans s'inquiéter des parties solides qui se trouvent dans le liquide de la cellule, les microsomes vont leur chemin ; les parties extérieures restent dans la même tranquillité ou suivent leur propre mouvement.

Tout cela n'est mécaniquement explicable que si l'on accepte que le lit des courants qui traversent la cellule est limité par de véritables frontières solides qui empêchent tout contact immédiat des liquides qu'ils contiennent avec l'extérieur. Il n'y a que des lits de courant nettement limités qui puissent maintenir la sève et les granulations qu'elle contient, de manière qu'ils ne se mêlent pas avec les liquides des cellules. On se voit même contraint d'admettre que les rubans et les filaments du système protoplasmatique, dans lesquels circulent plusieurs courants de directions opposées, souvent situés à côté l'un de l'autre et ayant des vitesses différentes, possèdent des cloisons solides traversant toute la longueur du canal dont ils sont creusés, et servant à maintenir séparés les différents fleuves. Pour ces motifs, il est naturel de penser que la surface extérieure des rubans protoplasmatiques est entourée d'une couche de substance compacte, jouant le rôle d'une membrane enveloppante ; il est également admissible que des cloisons membraneuses analogues existent entre les différents courants liquides.

Il est vrai que l'on ne peut pas toujours, comme nous l'avons déjà dit, voir distinctement les couches enveloppantes des rubans tubuleux et les cloisons qui les divisent suivant leur longueur. Elles n'apparaissent que dans les rubans les plus importants. Dans les plus fins, on ne distingue en apparence que de simples fils protoplasmatiques solides, et on peut facilement croire, au premier abord, que les granulations rampent le long des fils comme sur une corde raide, étant maintenus contre les fils par un moyen d'attache quelconque. Il y a même des phénomènes qui, pour les rubans, ont donné lieu à une hypothèse analogue. Souvent aussi, les microsomes, même les plus gros, semblent ramper sur la surface plutôt que nager au-dessous d'elle, et même souvent on a fait, dans un grand nombre des cellules animales, des observations favorables à la théorie des fils protoplasmatiques solides, ce qui fait que beaucoup de zoologistes ont considéré l'opinion d'après laquelle les granulations suivraient la surface supérieure des rubans protoplasmiques comme un théorème démontré. Mais les choses ne se passent pas le moins du monde de cette façon.

Un semblable mode de locomotion des granulations ne serait physiquement compréhensible que si l'on admettait, ou bien que la surface des cordons protoplasmatiques est douée d'une force agissante, impulsive, tout à fait spéciale, ou si l'on acceptait que les granulations, les corpuscules chlorophylliens, etc., etc., sont tous doués d'un principe de mouvement propre, et se donnent la tâche de courir tous les uns après les autres sur la surface des filaments, pour, à l'occasion, ramper dans l'intérieur et revenir ensuite à la surface.

Mais on ne voit, dans les mouvements de natation de ces corps dans l'intérieur de la membrane protoplasmique, aucun signe indiquant qu'ils se meuvent d'une manière autonome et volontaire;

bien plus, d'après l'apparence, comme je l'ai déjà dit, ils semblent *entraînés* par le liquide.

On ne trouve aussi aucun motif de croire que ces petits corps sont doués d'une semblable propriété. On ne peut pas non plus admettre que les surfaces extérieures du protoplasma sont douées d'une force attractive ou répulsive qui agirait pour déterminer la locomotion des granulations.

La nécessité de cette force ne se fait du reste pas sentir ; dans tous les cas suffisamment certains, où il existe une apparence de reptation extérieure, on peut reconnaître le fait de la natation intérieure. Lorsqu'un corpuscule plus gros que les autres ou une bande de petits corpuscules semblent glisser sur la surface d'un membre du protoplasma, sur un ruban, sur l'enveloppe du noyau ou sur l'utricule primordiale, une observation microscopique suffisamment attentive permet constamment de reconnaître que la petite pellicule gélatineuse formée par la surface de la substance protoplasmique se trouve au-dessus du corpuscule et non au-dessous. On peut la comparer à une toile recouvrant des tonneaux placés isolément sur le sol, suivant tous les contours de ces tonneaux et se déprimant entre eux en se tendant à la surface du sol. C'est ainsi que se comporte la petite pellicule extérieure du protoplasma sur les corpuscules dont il a été question

plus haut. On peut encore la comparer à la pellicule
d'un boyau mince, tendue sur un corps trop épais,
contenue dans le boyau et disposée de façon à
suivre les courbes de ce corps. Ainsi la délicate
couche membraneuse recouvre les minces filaments du protoplasma de même que les corpuscules qui rampent des deux côtés ; elle forme une
petite pellicule qui recouvre le dos ou le sommet
des monticules formés par les corpuscules au-
dessus du niveau du reste du protoplasma. Cette
pellicule, étant appliquée immédiatement sur le
petit corpuscule, reste invisible à cause de sa
grande finesse. Mais, dans le point où l'enveloppe
du corpuscule est en contact avec ses angles
saillants, on peut la voir facilement. Ces faits
étant aussi faciles à constater physiquement qu'à
comprendre théoriquement, il ne peut subsister
aucun doute sur leur compte.

Il faut conclure de ce que nous venons de dire
que les rubans protoplasmiques sont des tubes
fermés et contenant un courant liquide ; qu'ils
sont extérieurement circonscrits par une pellicule membraneuse, et souvent divisés intérieurement, par de minces cloisons disposées, suivant
leur longueur, en plusieurs ruisseaux qui coulent
isolément.

Nous ne pouvons nous empêcher aussi de penser
que l'utricule primordiale doit, pour les mêmes

raisons, être séparée de la cavité de la cellule par une petite couche membraneuse analogue. Entre l'utricule primordiale et cette couche membraneuse courent les ruisseaux de sève qui entraînent les granulations dans diverses directions.

On se demande si le protoplasma qui repose sur la paroi cellulaire n'est pas séparé d'elle par une couche plus solide et si la paroi cellulaire elle-même ne lui sert pas de protection et d'appui. Cette question est résolue facilement par deux observations ; d'abord il y a des corps de protoplasma libres, comme plus tard nous le démontrerons, qui n'ont aucune paroi cellulaire les protégeant contre le milieu extérieur, par exemple contre l'eau dans laquelle ils vivent. Et cependant aucune portion de leur substance interne ou périphérique ne se disperse dans le milieu ambiant, ni ne se dissout accidentellement dans l'eau qui les entoure. La couche protectrice est justement celle qui a été décrite plus haut pour les membres intérieurs.

En enlevant à la cellule une partie de l'eau qu'elle contient, à l'aide de certaines substances, par exemple du sucre, on peut amener l'utricule primordiale à se contracter et à diminuer de volume. L'utricule primordiale s'écarte alors un peu de la paroi cellulosique et apparaît comme individualité distincte.

3.

On peut s'assurer ainsi que l'utricule protoplasmique est formée de plusieurs couches de protoplasma, dont une extérieure, adhérente à la paroi cellulaire, et une intérieure, limitant la cavité de la cellule; entre les deux coulent les courants de granulations, dans de larges lits séparés les uns des autres par des cloisons de substance plus dense.

Enfin nous devons accepter une hypothèse analogue pour le noyau. Il va de soi que l'enveloppe du noyau formée par la fusion des rubans ou des couches intérieures de l'utricule primordiale est également membraneuse vers l'intérieur de la cellule. D'un autre côté, le contour du noyau a l'air assez ferme, et sa substance est parfois assez nettement distincte de l'enveloppe pour que l'on puisse admettre qu'il existe une enveloppe membraneuse entre la substance du noyau et la substance enveloppante. Cette supposition trouve une confirmation directe dans ce fait qu'un noyau qui périt, gonflé par une aspiration surabondante d'eau, ressemble à une vessie formée d'une membrane élastique et relativement tendue. Nous reviendrons plus tard sur ce fait; mais que la membrane du noyau soit formée par la substance du noyau ou par celle de l'enveloppe du noyau, ou par ces deux substances réunies et adhérentes l'une à l'autre, on ne peut encore le décider, parce que les observations nécessaires nous manquent.

Ainsi, d'après ce que nous avons dit plus haut de la structure et de la physiomonie du corps protoplasmique, nous remarquons dans l'utricule primordiale, comme dans l'enveloppe du noyau, une double utricule, en forme de sac. De la paroi extérieure et de la paroi intérieure de cette utricule partent des membranes tendres et molles, superposées l'une à l'autre, s'étirant en rubans et en filaments tendus transversalement à travers la cavité de la cellule.

On doit cependant se garder d'admettre à cet égard une opinion trop absolue. Nous n'avons pas jusqu'à présent de raison suffisante de nous représenter ces pellicules protoplasmiques comme réellement distinctes et différenciées des matières qui sont en contact avec leurs deux faces. Il est certain que leurs matériaux constituants se trouvent vers l'extérieur dans l'enveloppe de la cellulose et dans la cavité de la cellule ou dans la masse du noyau. Nous sommes seulement autorisés pour l'instant à penser que la substance de ces pellicules, consistante à leur surface, devient de plus en plus molle à mesure qu'on s'éloigne de la surface, les molécules de leur matière constituante étant rattachées les unes aux autres par une force attractive moins grande. Enfin, dans leurs parties plus profondes, elles se repoussent les unes les autres et se désagrègent. L'état solide de la surface fait ainsi place à un état de ramollissement croissant et même à l'état liquide dans lequel se trouve le protoplasma qui circule dans l'espace séparant les deux couches membraneuses. Les cloisons intérieures des rubans et des tubes protoplasmiques passent aussi graduellement de l'état solide à l'état liquide.

Il est ainsi facile d'admettre que du protoplasma solide peut se transformer en protoplasma liquide. Les molécules ou les groupes de molécules, se rapprochant ou s'éloignant les uns des autres, peuvent s'organiser en cordons solides, puis se désagréger de nouveau en courants liquides qui se meuvent les uns à côté des autres.

Cette explication est d'autant plus plausible que jusqu'à présent nous n'avons aucune raison suffisante de penser que le protoplasma liquide et le protoplasma solide ont une composition chimique différente. Au contraire, ils semblent n'être que deux formes diverses de la même protoplastine, formes ne différant l'une de l'autre que par la quantité d'eau qu'elles contiennent. Toujours est-il que la partie liquide qui contient tous les petits corpuscules est désignée sous le nom de *sève protoplasmique* ou plus brièvement *enchyléma*. La dissolution liquide de toutes les substances qui remplissent la cavité de la cellule est nommée *sève cellulaire.* Cette manière de voir jette aussi une lumière favorable sur le phénomène des mouvements du corps de la cellule, que nous allons décrire ci-après.

IV. — *Déplacement, changement et autres mouvements du corps cellulaire et de ses membres.*

Pendant qu'agissent les courants décrits précédemment, courants faciles à percevoir dans bien des cellules, d'autres mouvements se produisent dans l'intérieur des cellules. Ils sont d'habitude plus lents et échappent plus facilement à l'observation, mais pourtant ne manquent jamais là où ils ont été remarqués.

Parmi ces mouvements figurent les changements de forme et les déplacements de tout le corps cellulaire, qui laissent loin derrière eux par leur importance tous les autres mouvements.

Déjà les courants de granules trahissent aux yeux de l'observateur attentif, par leur mobilité, l'instabilité de leurs lits. Quand on examine pendant un certain temps un courant qui parcourt un ruban protoplasmique ou une partie de l'utricule primordiale dans une direction déterminée, on voit sa force, sa largeur, sa vitesse changer tantôt ici, tantôt là. La direction elle-même reste rarement constante pendant longtemps. Des courants liquides se courbent de côté et d'autre, et la direction transversale à travers la cavité de la cellule change, ainsi que leur source et leur embouchure. Des courants qui se réunissent changent leur point de jonction et remontent ou descendent leur cours primitif. Des masses entières du protoplasma du lit des courants sont entraînées dans un ruban protoplasmique et vont s'abîmer dans le corps de l'utricule primordiale. Les rubans protoplasmiques se déplacent dans la cavité cellulaire et finalement se fondent, avec tout leur contenu liquide et solide, dans l'utricule primordiale. D'autres se produisent alors sur d'autres points, sous la forme de plis de la surface du protoplasma de l'utricule, plis qui se soulèvent de plus en plus, jusqu'à ce qu'ils se séparent de l'utricule et deviennent des rubans tendus d'un bout à l'autre de la cellule. Les rubans peuvent aussi se produire sous la forme d'étroites saillies qui jaillissent de la surface protoplasmique et dont l'extrémité libre se lance à travers la cavité cellulaire jusqu'à ce qu'elle ait atteint le côté opposé et s'y soit fondue avec l'utricule primordiale.

Des filaments très fins peuvent aussi faire saillie et s'allonger à travers la cavité cellulaire, jusqu'à ce qu'ils se réunissent avec des filaments voisins ou avec d'autres semblables qui viennent pour ainsi dire à leur rencontre. Il est aisé de comprendre que pendant ces mouvements le noyau de la cellule ne puisse pas non plus rester en place, quelque librement qu'il soit suspendu entre les rubans et les filaments ; il suit ces déplacements dans toutes les directions ; il est agité par les courants des filaments protoplasmiques ; il est fortement tiraillé par les filaments courts ou longs, tantôt d'un côté, tantôt de l'autre, comme un char qui serait attelé de tous les côtés à la fois. Ce corps singulier, grâce à son individualité bien marquée, est toujours facile à reconnaître, quel que soit le point qu'il occupe au milieu des rubans qui changent sans cesse de forme et de nature ; et il trahit par ses déplacements les mouvements du corps protoplasmique de la cellule.

Le noyau ne change pas de place seulement pour aller tantôt contre la paroi et tantôt dans un point quelconque de la cavité cellulaire, ainsi qu'on le savait déjà et qu'on peut facilement le constater, mais encore il chemine tantôt autour des parois, tantôt transversalement dans les rubans tendus à travers la cellule, suivant souvent pendant une ou plusieurs heures un chemin tortueux. Quand on observe sa marche attentivement, on acquiert la preuve que le domaine de ce corps est la cellule entière. qu'il la parcourt, à de certains moments, dans toutes les directions, comme s'il était chargé d'en faire l'inspection.

Il est permis de reconnaître que pendant ce temps le noyau cellulaire subit une certaine transformation de structure, bien qu'assez restreinte, sa substance paraissant en général beaucoup moins malléable que celle du reste du protoplasma. Le long de la paroi, il s'allonge en rampant et s'aplatit sur les côtés en prenant la forme d'une semelle plate. Remorqué par les rubans à travers la cavité cellulaire, il prend la forme d'un œuf, dont le bout mince est tourné en avant. Quand il est plus tranquille dans l'intérieur de la cellule, principalement au milieu, il affecte généralement la forme d'une lentille ou d'une boule, et il rassemble autour de lui les rubans protoplasmiques qui viennent de divers points de la cellule, les tend fortement et les réunit au-dessus de son enveloppe, où ils forment une sorte d'étoile à branches multiples. Suivant les circonstances, le corps du noyau est tantôt au centre, tantôt plus près d'une des extrémités de cette étoile.

Quand on observe attentivement les diverses parties de ce réseau de filaments mobiles, tendus dans toutes les directions en travers de la cellule, attachés les uns aux autres, se tendant dans un point, se détendant dans un autre, avec le noyau au milieu d'eux comme une araignée au centre de sa toile, noyau qui se meut lentement mais constamment, à travers la cavité de la cellule, entraînant avec lui les fils ou les rubans, on ne peut douter que l'utricule primordiale prenne part à ce mouvement. Le constant rapport de substance fait par l'utricule aux rubans déjà existants et à ceux en voie de formation, et la reprise de cette même substance par sa masse doivent nécessiter un incessant transport de matière d'un point à l'autre de l'utricule, en vue de maintenir partout une épaisseur égale de cette utricule. Mais la continuité de glissement des rubans sur sa surface et le rampement apparent du noyau sur les rubans ne peuvent pas se comprendre autrement qu'en admettant que l'utricule primordiale tout entière se meut tantôt dans ses parties superficielles, tantôt peut-être aussi dans son épaisseur, et qu'elle se déplace en totalité, en glissant dans la cavité cellulaire.

S'il n'en était pas ainsi, la surface interne de l'utricule primordiale ne pourrait pas se soustraire à une enveloppe qui la tiendrait adhérente à elle. Le phénomène désigné sous le nom de simple rotation, tel qu'il est décrit dans les cellules de certaines plantes aquatiques, serait lui-même plus facile à expliquer mécaniquement en acceptant une rotation complète ou partielle de la membrane interne de l'utricule primordiale. On peut, il est vrai, moins facilement l'admettre pour la mince couche extérieure de l'utricule, couche qui adhère à la membrane cellulosique. Cependant, il faut remarquer qu'avec la plasticité presque illimitée de tout le corps protoplasmique, le déplacement de ses parties les unes sur les autres, même pour de grands éloignements, peut être admis sans qu'il se produise de division mécanique.

Enfin, il y a encore des cas compliqués d'organisation et de mouvement des membres du protoplasma.

Parfois une couche extérieure, relativement en repos, de l'utricule primordiale, en renferme une seconde, intérieure, dans laquelle existent les courants. Dans cette dernière se trouvent, par exemple dans le *Chara*, les corpuscules chlorophylliens. Dans la première, le protoplasma est incolore, tandis que, dans les cas signalés plus haut, c'est elle qui contient la chlorophylle. On peut même trouver plus de deux utricules protoplasmiques réticulées, emboîtées les unes dans les autres, reliées entre elles par un grillage de rubans et traversées par des nodosités ou autres épaississements. Ce genre de disposition des membres que parcourent les courants se rencontre justement dans les plantes les plus simples, les Conferves.

Le haut degré d'activité des rubans et des enveloppes granuleuses que l'on a immédiatement sous les yeux, lesquels s'étendent sans se déchirer et se raccourcissent sans se rider, changeant sans cesse d'aspect, ondulant et se raccourcissant, s'écartant et se rapprochant, prouve une force de frottement de tous les groupes de molécules, analogue à celle qui agit dans les liquides, sans que les molécules perdent leur état de cohésion et leur structure organique.

Nous avons fait la description des détails de l'organisation intérieure de cette cellule ; nous devons maintenant, encore une fois, en esquisser l'ensemble. Dans l'enveloppe formée de cellulose qui représente la partie extérieure de la cellule et protège son existence, demeure un individu organisé et vivant : le corps cellulaire ; celui-ci offre la forme d'une outre ou utricule sur laquelle est immédiatement appliquée l'enveloppe. Quant à l'utricule primordiale, elle est remplie d'un liquide, le *suc cellulaire*. Du côté de la cavité de la cellule, aussi bien que du côté de la membrane cellulosique, l'utricule primordiale est limitée par une couche plus solide, membraneuse, et entre ces deux couches membraneuses se trouvent des substances de densité moindre ou même liquides.

Les différentes parties de l'utricule sont reliées dans différentes directions, longitudinalement et transversalement, à travers la cavité cellulaire, par des rubans et des filaments de même nature, qui sont également limités par des couches membraneuses, et dont l'intérieur contient également des substances solides, molles ou liquides. Dans un point quelconque de la cavité de la cellule, soit entre les rubans, soit dans l'épaisseur de l'utricule primordiale, se trouve un noyau qui contient un ou deux corpuscules d'apparence particulière et qui est muni extérieurement d'une enveloppe spéciale. La substance fondamentale de tout cet organisme protoplasmique est transparente comme le verre, incolore, molle (Hyaloplasma), tantôt homogène, tantôt parsemée de petits corpuscules (Microsomes). Du protoplasma liquide (Enchylema) coule dans toutes les directions, dans l'épaisseur de l'utricule primordiale et des rubans, en entraînant les granulations.

Dans ce système de membres qui sans cesse changent de forme et se déplacent, les rubans glissent tantôt d'un côté, tantôt de l'autre, disparaissent dans l'utricule qui leur a donné naissance et en émergent de nouveau. L'utricule primordiale elle-même déplace ses parties, échange de la substance molle et liquide avec les rubans, et glisse non seulement en partie, mais encore en totalité, le long des parois de son enveloppe.

Rien n'apparaît constant dans la forme et la masse. Le contour et la structure intérieure du noyau, qui sont peut-être comparativement les parties les plus stables de la cellule, ne restent pas non plus semblables à eux-mêmes.

A chaque instant, le nombre et la forme des membres peuvent changer, la charpente se transformer et se déplacer ; les divers groupes de molécules, tour à tour, se réunissent et se séparent les uns des autres. La durée de l'organisation et l'individualité du tout sont cependant sûrement garanties. « Tout change, rien ne dure. »

Nous verrons plus tard que ce tableau reproduit fidèlement, dans tous les traits principaux, l'organisation des cellules les plus simples du règne animal, principalement celles qui vivent libres et isolées, comme les « Infusoires », quoique beaucoup d'entre elles offrent une organisation beaucoup plus complexe encore. Mais cette organisation est plus facile à observer dans les cellules végétales.

Cependant, à côté de ces faits caractéristiques, il est nécessaire de parler de quelques autres phénomènes qui se produisent dans le corps du protoplasma.

L'individualité du corps du protoplasma nous

est déjà sûrement révélée par l'examen de ses parties intérieures et par les particularités de tous leurs mouvements.

D'après ce qui précède et pour indiquer la nature de ce corps, tout en ne perdant pas de vue la totalité de la cellule, considérant le protoplasma comme une individualité morphologique et biologique véritable, on lui a donné le nom de *protoplaste*.

Les membres du corps cellulaire ne sont pas toujours aussi richement et distinctement développés; d'abord, on cherche en vain, dans beaucoup de cas, les membres intérieurs, les rubans et les filaments. L'utricule primordiale et le noyau existent alors seuls, et tout l'espace intérieur est rempli de suc cellulaire et de diverses autres substances qui n'appartiennent pas au protoplasma.

Nous avons donc des raisons d'admettre que, dans le plus grand nombre des tissus cellulaires végétaux, ces deux états alternent l'un avec l'autre. Ainsi, lorsque les rubans intérieurs manquent, les courants remplis de granulations manquent aussi et ne se rencontrent pas non plus dans l'utricule primordiale. Il semble aussi qu'il règne un état de tranquillité dans la membrane intérieure, état dans lequel entre la cellule lorsqu'elle absorbe les rubans et qui l'amène parfois à l'immobilité complète et à la suppression de la circulation de la sève plastique ou *enchylema*. Ce qui occasionne cet état, on peut bien le supposer dans certains cas; mais en général, jusqu'à présent, on ne peut pas encore l'établir d'une façon définitive. En général, le travail phytochimique qui s'effectue dans l'intérieur de la cellule varie parfois en quantité et en intensité, et parfois cesse complètement, et il peut y avoir des périodes de cessation ou au moins de ralentissement du travail intérieur qui se manifestent par la désagrégation des filets construits par le protoplasma. Il sera question plus loin d'un autre phénomène qui se produit pendant que la cellule se divise, et quand la jeune cellule qui résulte de cette division grandit et s'accroît.

L'accumulation dans la cavité cellulaire de grandes quantités de matériaux amenés lentement par tous les mouvements plasmatiques peut déterminer la cessation de ces derniers, parce que l'espace finit par manquer pour les mouvements libres. Dans les cellules qui sont complètement remplies de grains d'amidon, de mucilage ou de toute autre substance, ou dont le protoplasma lui-même représente encore une masse de substance épaisse et solide, on n'observe pas de courants. Nous examinerons plus tard si ces cellules possèdent de nombreux membres protoplasmiques intérieurs.

Mais, lorsque ni les courants de liquide entraînant des granulations, ni les déplacements des membres ne sont visibles, le corps du protoplasma ne semble pourtant pas être dans un état de complète et absolue tranquillité ; cela a lieu peut-être, cependant, à l'époque où la végétation cesse, comme au milieu de l'hiver et dans les cellules qui, complétement remplies de métaplasme, n'ont plus provisoirement qu'une vie tout à fait latente.

Dans tous les autres cas, je n'ai jamais pu, lorsque j'ai apporté dans mes observations une patience suffisante, trouver nulle part aucun corps protoplasmique doué d'une absolue tranquillité. Les granulations qu'il contient, les corpuscules chlorophylliens ou les autres corps qui s'y montrent, présentent toujours, au moment de l'observation, un déplacement manifeste de leur position. Il suffit d'en regarder attentivement trois ou quatre pendant un certain temps pour les voir changer de place de minute en minute. Souvent, le mouvement lui-même n'est pas constatable, mais toujours on en peut voir le résultat.

Dans ce fait que la substance même du protoplasma est soumise à de constants changements, nous trouvons un signe de tous les délicats travaux vitaux qui sont effectués continuellement dans ses plus petites parties. Nous reviendrons plus bas sur cette question.

En dehors des cellules dont nous venons de parler, dans les toutes jeunes cellules, surtout dans celles qui sont à l'état actif de division, on ne remarque pas autre chose que les transpositions nécessaires de leurs parties.

Les petits protoplastes, serrés les uns contre les autres et remplis d'une substance délicate ferme, forment une agglomération disposée de façon à constituer un corps solide.

C'est à peine si l'on peut en distinguer le noyau cellulaire. Après cet état primitif, la membrane se forme petit à petit, de la façon qui a été indiquée plus haut. Pendant que les dimensions de la cellule augmentent, le protoplasme ne s'accroissant pas dans toute sa masse avec la même rapidité, il se forme, en différents points, de petites cavités, « vacuoles » éparses, dans lesquelles s'accumule le suc cellulaire et dont le pourtour se solidifie en mince pellicule. La membrane cellulaire s'étend toujours davantage, ainsi que l'utricule primordiale qui y adhère ; mais celle-ci s'amincit en proportion de l'extension qu'elle prend et se différencie de plus en plus distinctement.

La masse protoplasmique dans laquelle sont

creusées les vacuoles forme entre ces dernières des cloisons de séparation, distendues de plus en plus par le liquide qui s'accumule dans les vacuoles, au point que finalement elles se déchirent en rubans et en filaments délicats, qui vont d'une paroi à l'autre de l'utricule primordiale et qui s'anastomosent en réseau les uns avec les autres. Le suc cellulaire, avec les substances qu'il contient, cesse ainsi d'être enfermé dans des espaces isolés et remplit la cellule. En même temps, le noyau et son enveloppe se trouvent suspendus dans la cavité de la cellule. Après que ses divers membres se sont ainsi différenciés, la cellule a achevé son développement.

Dans certains cas, les vacuoles remplies de suc cellulaire étant très petites et très nombreuses, le protoplasma présente une apparence mousseuse.

Les cellules qui, au lieu d'être pressées étroitement les unes contre les autres, sont abandonnées à elles-mêmes, libres et sans membrane, et peuvent se développer et se mouvoir sans entrave, se comportent d'une façon différente. On ne trouve pas ces cellules dans les plantes supérieures; mais, dans les Cryptogames, on rencontre de nombreuses cellules reproductrices, qui, nues et sans membrane, nagent au hasard dans l'eau, puis, après avoir ainsi vécu pendant un certain temps, se fabriquent une enveloppe de cellulose.

Dans les liquides organiques vivent isolées, non unies par groupes, de très petites cellules nues qui, dans ces derniers temps, ont acquis une triste célébrité, comme parasites et toxiques, sous le nom de Bactéries. Qu'elles méritent ou non leur réputation, cela nous importe peu pour le moment. Nos moyens actuels d'observation ne nous permettent pas de reconnaître si ces petites cellules sont intérieurement différenciées. Elles se présentent tantôt en chapelets articulés, tantôt sous la forme de filaments fins et délicats. Beaucoup d'entre elles jouissent de mouvements propres, tantôt vifs, tantôt lents. D'autres se meuvent en spirale.

Beaucoup plus importantes sont les cellules vertes, vivant isolément, de certaines Algues simples. Elles végètent à l'état vagabond de spores, pendant un temps plus ou moins long, constituées par une masse protoplasmique à peu près ou tout à fait solide, arrondie, ovoïde ou piriforme, contenant, dans quelques cas, de petites vacuoles pleines de suc cellulaire. Leur protoplasma contient des microsomes, des corpuscules chlorophylliens, souvent aussi des grains d'amidon, des gouttelettes d'huile, des cristaux ou des matières analogues. Dans ce cas, on ne distingue vers l'extérieur que la surface de l'utricule primordiale. L'une des extrémités de ces cellules est souvent allongée en une pointe, au niveau de laquelle la substance fondamentale reste indépendante et apparaît sous l'aspect d'une petite tête claire ou d'un petit bec surmontant le corps vert et granuleux de la cellule. Le petit bec émet deux ou plusieurs délicats filaments de protoplasma ayant la même organisation que les rubans et les filaments protoplasmiques dont nous avons parlé plus haut, avec cette seule différence qu'ils sont dépourvus de granulations.

Ces filaments extérieurs, connus sous le nom de cils vibratiles, ne sont pas seulement doués de mouvements semblables à ceux des membres intérieurs, ils possèdent une bien plus grande énergie et se meuvent beaucoup plus rapidement. Frappant l'eau latéralement, avec une certaine régularité, ou bien se mouvant en cercle, ils se comportent comme des rames et poussent dans l'eau, souvent avec une grande célérité, le petit corps qui les porte.

Les cellules qui nagent ainsi librement possèdent parfois, au niveau de leur bec, durant leur temps de pérégrination, un point rouge écarlate, ressemblant d'une manière frappante à ce que l'on appelle communément le point oculiforme de certains Infusoires. Lorsque ces cellules nues entrent en repos, les cils vibratiles que le protoplasma avait émis sont repris par lui [1] et la plupart du temps le point rouge cesse d'être visible.

La tête rentre également dans le tronc ou devient la base du protoplaste, tandis que celui-ci perd son mouvement incessant, se fixe et, pour mener une vie calme et sédentaire, se bâtit une enveloppe solide de cellulose.

Les Cryptogames aquatiques se servent de ces petites cellules comme d'éléments reproducteurs qui, après s'être comportés comme nous venons de le dire, produisent des êtres nouveaux. Ceux-ci sortent de leur enveloppe cellulaire avec des formes et des tailles très différentes, comme nous l'indiquerons encore.

Les petits corps mâles qui servent à la fécondation et qui, à cause de leur mobilité, ont été nommés « animalcules de la semence », spermatozoïdes, zoospermes, etc., sont conformés de telle sorte qu'ils peuvent aller au devant des œufs formés dans l'organe féminin. Cependant, ils sont habituellement beaucoup plus petits que les spores et ne sont pas verts. Ils ont tantôt la forme de petites baguettes, tantôt celle de petites masses curviformes ou elliptiques, ou celle

---

1. On peut douter que les cils tombent, ainsi que cela est indiqué dans quelques cas, parce que ce fait ne répond pas à la nature des autres fonctions du protoplasma.

4.

de filaments longs, tordus en vis; les plus complets paraissent posséder de nombreux cils vibratiles, par exemple ceux des *Marsilia*, *Pilularia*, *Salvinia*.

D'autres fois, les cils sont disposés autour d'un corps en forme de boule, rangés en cercle ou disposés sur toute la face supérieure. Il y en a qui sont dépourvus complétement de cils, et, dans ce cas, ils ne sont pas mobiles. Il existe des cellules vertes, pourvues de cils et douées de mouvements de déplacement, qui nagent entourées d'une membrane cellulaire. Ces cellules sont tantôt isolées, tantôt réunies en familles et elles affectent dans ce cas des dispositions très régulières. Ces familles sont formées par les cellules filles d'une même cellule mère qui ne se sont pas séparées après leur formation. Elles utilisent l'enveloppe de la cellule mère dont elles sont issues, sont logées dans sa cavité et allongent au dehors leurs cils comme des rames.

Enfin, certaines petites cellules isolées, très répandues et d'une structure très délicate, jouissent de mouvements particuliers. Ces petites cellules sont entourées d'une cuirasse siliceuse, transparente comme du verre; elles rampent ou nagent, et, comme de petits corpuscules adhèrent parfois à leur surface, on croit pouvoir admettre qu'une mince couche de protoplasma recouvre extérieurement leur cuirasse et joue dans la locomotion le même rôle que le pied du colimaçon. Ces petits êtres, connus sous le nom de Bacillariacées, représentent une grande partie des organismes microscopiques qui vivent dans les eaux douces et salées.

Enfin, il existe souvent dans les fossés et dans les bourbiers, des groupes de filaments vivants, ordinairement colorés en vert bleuâtre (Oscillariées), formés de rangées de cellules cylindriques, juxtaposées, et entourées d'enveloppes épaisses et gluantes ; ces filaments se font remarquer par un mouvement natatoire en forme de vis. Ils paraissent, d'après les plus récentes observations, exécuter leurs mouvements au moyen d'un ruban extérieur de protoplasma tortillé en vis et courant peut-être sur toutes les cellules du filament cylindrique.

Il existe encore un autre genre de protoplastes nus et mobiles, pourvus d'une forme toute spéciale, dans une famille tout à fait particulière du règne végétal, celle des Champignons. Ces protoplastes peuvent surtout servir d'exemple pour certains traits de l'activité de la vie protoplasmatique et phytoplastique. Nous voulons parler des Champignons muqueux ou gélatineux (Myxomycètes), ainsi nommés parce que pendant leur période de végétation ils ressemblent à de petits tas de mucosité ou de gélatine. De leurs spores (cellules reproductrices) s'échappe un protoplaste nu et ayant une mobilité tout à fait singulière. Ces corpuscules rampent avec rapidité sur le sol humide, en changeant sans cesse de forme. Tantôt ronds, tantôt allongés, anguleux ou étoilés, ils s'étalent, puis se réunissent en masses grosses comme le bras, ou minces et allongées comme des fils. Ils sont formés d'une substance solide, avec un noyau et des granulations, et sont, malgré leur malléabilité et leur facilité à changer de formes, tellement indépendants de leur entourage qu'on ne peut leur refuser la possession d'une enveloppe membraneuse. Nous verrons plus tard que ces singuliers Champignons rampants peuvent se réunir deux ou plusieurs, se fondre ensemble pour former un corps protoplasmique de plus en plus volumineux, nommé Plasmodie, et désigné, en général, plus communément, sous le nom de Symplaste.

La façon dont les plasmodies se comportent pendant leur développement est très variable. Parfois elles croissent en forme de tronc dans une direction quelconque, poussent des branches, qui s'en vont à tort et à travers, se soudent ensemble dans les points où elles se rencontrent, allongent leurs extrémités jusqu'à ce qu'elles deviennent fines comme des cils, auquel cas on les nomme des pseudopodes, tressent leurs embranchements en filets toujours plus nourris, en cordons, en buissons, et forment enfin des amas massifs de toutes les grosseurs, depuis celle du poing jusqu'à celle de la tête. Mais elles peuvent aussi faire rentrer dans la masse commune leurs excroissances, en totalité ou en partie, et s'arrêter dans leur développement pour recommencer à ramper. Dans les points où une partie du corps se retire, il reste sur le chemin qu'elle avait parcouru une trace gluante, comme sur la route suivie par un colimaçon ; ces traces sont constituées par des débris de leur utricule primordiale, ou par une sécrétion de cette utricule. Dans l'intérieur de leurs embranchements courent des ruisseaux de microsomes, qui vont à l'encontre l'un de l'autre et sont souvent très nombreux, comme dans toute autre branche du protoplasma. Ces courants se précipitent soit dans la branche principale, soit dans les branches accessoires en voie de croissance, et reviennent ensuite vers la masse du corps lorsque les rameaux se raccourcissent.

Les plasmodies ne rampent par-dessus aucun objet, mais l'enveloppent et l'enlacent de leur masse molle ou liquide, comme s'ils voulaient l'absorber, puis le digérer. Elles constituent un exemple remarquable de la mobilité complète des grandes masses individualisées de protoplasma et rappellent la reptation des animaux.

On les voit aussi tantôt fuir la lumière, tantôt la rechercher, glisser sur de grands espaces et même hardiment passer par-dessus les branches d'autres végétaux, jusqu'à ce qu'enfin elles soient fatiguées de cette vie nomade et restent immobiles pour se multiplier. Et cependant elles n'apparaissent le plus souvent à l'œil nu que comme des petits amas ou des fils gélatineux informes.

Ces individus ressemblent, particulièrement dans leur état de reptation, aux Amœbiens, et ne s'en distinguent que lors de leur développement, qui est plus complexe.

D'un autre côté, les plasmodies ne diffèrent des autres protoplastes que parce qu'elles développent leurs membres à l'extérieur et qu'intérieurement elles restent relativement solides, tandis que les protoplastes, entourés d'une enveloppe, sont lisses à l'extérieur et pourvus à l'intérieur de membres de diverses formes. Mais les rameaux des plasmodies et leurs pseudopodes ne sont pas autre chose que les rubans intérieurs du protoplasma des cellules ; les mouvements des granules des plus fins pseudopodes trouvent même leurs analogues dans les filaments intérieurs les plus déliés. L'Amœbe, animal ou végétal, est un protoplaste qui rampe librement dans l'eau ou dans les endroits humides et possède des membres extérieurs.

Le corps de la cellule, avec son réceptacle de cellulose, est un Amœbe emprisonné, qui accomplit les mêmes fonctions et les mêmes mouvements dans l'intérieur de sa prison. Ce que les plasmodies font extérieurement, dans leur état d'organisation la plus complexe, ne diffère pas de ce que fait le protoplasma dans l'intérieur de la cavité cellulaire. Des membres analogues aux pseudopodes et aux cils eux-mêmes se forment également à l'intérieur des cellules.

Nous avons ainsi une première preuve que les cellules animales et végétales équivalent complètement les unes aux autres et sont même, dans de certains cas ou à de certains points de vue, des formations complètement identiques, ayant originairement la même composition et les mêmes propriétés, les mêmes facultés de mouvement et de développement, pouvant rester à l'état de protoplastes isolés et pouvant alors être désignés sous le nom de *monoplastes*, ou bien pouvant s'associer, exécuter d'ingénieux monuments, entretenir des rapports d'association très complexes, quoique suivant chacun une voie particulière d'évolution.

Il ne faut pas oublier que les phénomènes qui se produisent dans l'ensemble de la masse protoplasmique sont placés sous la dépendance des mouvements des molécules constituantes.

Nous aurons à examiner de plus près la mécanique de ce phénomène. Différentes personnes ont préconisé cette opinion que la source des forces intérieures était indépendante ou autonome.

On a pensé pouvoir désigner la plasticité par le mot contractilité, déjà employé dans un sens analogue, mot auquel on a ajouté la signification de l'*extension propre et de la contraction également propre*. Cependant la signification de ce mot n'est pas tout à fait juste, parce qu'il n'embrasse pas tous les phénomènes.

Ainsi se trouvent esquissés les traits fondamentaux de la formation individuelle et de la capacité vitale du corps cellulaire, dans leurs principales formes, et surtout dans les plus petits mouvements de l'intérieur et les mouvements les mieux caractérisés de l'extérieur. Il faut que nous renoncions à une description plus minutieuse de ces phénomènes. Il s'agit maintenant de savoir comment le protoplasma, autonome extérieurement et intérieurement dans les limites de son enveloppe, accomplit certains travaux et quels sont ces travaux.

V. — *Activité corporelle intérieure et extérieure du protoplaste.*

Rappelons rapidement d'une part que le monoplaste vert, nommé zoospore ou spore mobile, finit par entrer en repos; d'autre part, qu'il forme à son extrémité une sorte de petite tête, et enfin qu'il enveloppe son corps sensible et mou d'un solide vêtement protecteur de matière cellulosique.

Ce que nous savons de la marche de ce phénomène, qui est un acheminement vers la vie complète de cet individu cellulaire que nous avons vu nageant nu et isolé, se restreint à ce que nous pouvons en conclure en armant nos yeux de notre microscope. Pour la période de zoospore mobile, il suffit au protoplaste de posséder la pellicule extrêmement tendre et dépourvue de granulations de l'hyaloplasma. C'est cette pellicule qui forme la couche membraneuse extérieure du corps protoplasmique, couche ordinairement à peu près impossible à distinguer. Dans quelques cas cependant, son épaisseur est plus considérable et elle présente un double contour qui la distingue de la substance sous-jacente. On peut alors, à l'aide des réactifs chimiques, reconnaître que sa composition chimique est différente de celle de la protoplastine. Elle consiste en une matière cellulaire, provenant de la substance métaplasmatique qui préexistait dans le protoplaste et que celui-ci a isolée et déposée à la surface de sa pellicule primordiale. Le nouveau vêtement cellulaire, que le protoplaste a revêtu, est un produit de sa propre fabrication.

Avant que le travail d'augmentation de l'épaisseur de la membrane qui entoure la cellule continue, chaque cellule modifie sa forme, ce qui constitue l'un de ses actes vitaux les plus importants.

La plus grande partie des cellules jeunes affectent la forme sphérique ou polyédrique et présentent à peu près le même diamètre dans toutes les directions; il en existe cependant toujours un plus court que les autres.

La plupart croissent plus vigoureusement dans une ou deux directions que dans une ou deux autres et deviennent ainsi courtes ou longues, prismatiques, tubuleuses filamenteuses même ou plates. Cette forme s'accentue ensuite peu à peu par l'accroissement de la surface de la membrane cellulosique dans telle ou telle direction, jusqu'à ce que le protoplaste ait atteint son développement parfait.

Dans tous les cas où il est possible de constater sur une cellule un accroissement quelconque ou un changement de forme, on peut en conclure que la cellule contient dans son enveloppe extérieure un protoplaste vivant. Mais, partout où le protoplaste vivant manque sûrement et où l'enveloppe cellulaire est vide, on ne constate jamais aucun changement ni dans l'organisation, ni dans la taille de la cellule, à moins qu'une pression extérieure ne fasse céder devant elle la membrane impuissante à résister.

Nous pouvons donc admettre que tous les développements de l'organisation sont des travaux directs du protoplaste, qui d'abord sont accomplis au moyen de l'enveloppe extérieure.

Ce n'est pas ici le lieu de décrire les centaines de formes que le corps cellulaire peut donner à l'enveloppe qui le protège et dans laquelle il vit. L'art plastique du protoplaste n'a pas de limites dans cette direction. La fantaisie humaine ne pourrait imaginer aucune forme : pierre de taille, poteau, chevron, planche, poutre, crochet et grappin, solive, sac, tuyau, conduit, grille ou filet, tasse, lambris, dentelle, pointe, que le protoplasma ingénieux et actif n'ait réalisée et employée d'une façon convenable à une place quelconque et en toutes occasions dans le monde organique. C'est justement là l'objet de l'étude comparative des tissus du corps des animaux et des plantes. La taille de la cellule peut elle-même varier beaucoup ; la plus petite n'atteint pas la millième partie d'un millimètre ; les plus longs tubes cellulaires peuvent avoir un grand nombre de centimètres, voire même quelques décimètres de long, comme par exemple les tubes des laticifères de certaines plantes.

Mais, pour les représenter dans leur véritable forme et dans la taille convenable, il ne suffit pas d'élargir ou d'étendre ici ou là, dans la longueur ou en travers, les enveloppes des corps cellulaires originaires. Il faut qu'elles puissent être préparées de façon à être résistantes, ce qui n'arrive que lorsqu'elles sont l'œuvre du protoplasma plein de vie. On doit, d'après cela, tenir compte aussi de la faculté constructive et productive de ce corps. L'épaississement des parois offre des manifestations analogues à celles des autres changements de formes. Habituellement, cet épaississement se produit lorsque la taille nécessaire de la cellule est atteinte. Il se forme alors dans l'intérieur de la cavité cellulaire de nouvelles masses de matière cellulaire, et la paroi augmente d'épaisseur dans la direction du rayon, au lieu de s'accroître en surface. D'habitude, dès que l'épaississement de la membrane devient considérable, il se manifeste sous la forme de couches qui paraissent être déposées l'une sur l'autre ou plutôt l'une dans l'autre. Plus l'épaississement augmente, plus la cavité cellulaire se rétrécit, et le protoplaste doit se retirer sur lui-même en proportion du rétrécissement de son enveloppe. L'épaississement des cellules peut prendre différentes formes, remplir même presque complètement la cavité de la cellule de matière cellulaire; dans ce cas, le protoplaste s'amincit et enfin se réduit à un corps très petit; il peut même disparaître dans les vieilles cellules fortement épaissies, comme par exemple dans beaucoup de cellules du liber et de cellules pierreuses. Nous ignorons si le protoplasma mort existe encore sous la forme d'une substance inanimée ou s'il n'existe plus du tout, tandis qu'il persiste dans les cellules voisines encore vivantes et munies de parois moins épaisses et moins solides.

On pourrait penser que le protoplaste des cellules par trop épaissies est complètement enterré vivant par les parois environnantes devenues nécessairement trop épaisses et qui lui rendent impossible la continuation de la vie, en lui supprimant l'approvisionnement matériel qui lui venait de l'extérieur.

Mais il existe dans tous les tissus à parois cellulaires épaisses, des moyens de rapports à travers la paroi qui sont peut-être utilisés par le corps de la cellule. Les couches de matière cellulaire qui, petit à petit, viennent épaissir la pellicule cellulosique originaire et la transformer en une paroi épaisse, ne sont jamais superposées les unes aux autres d'une manière ininterrompue.

Bien plus, il existe déjà dans la première couche d'épaississement des interstices ou pores qui lui donnent l'aspect d'une écumoire.

Chaque couche suivante laisse libres ces petites ouvertures comme des trous d'écumoire qui se continuent, des canaux toujours plus longs (canaux poreux) qui pénètrent à travers toutes les couches jusqu'à l'espace occupé par le protoplasma. Si plus tard, dans la majorité des cas, la paroi cellulaire extérieure primaire ferme ses petits canaux, le passage n'en reste pas moins libre jusqu'au protoplasma. Cela est d'autant plus vrai que les canaux poreux de deux cellules voisines sont constamment situés en face les uns des autres, de telle sorte que deux canaux de cellules voisines ne forment réellement qu'un seul canal traversant toute l'épaisseur des parois juxtaposées et interrompu seulement au niveau des membranes primaires des deux cellules comme par des portes d'écluses. Nous aurons plus tard à nous demander comment, pour faciliter la circulation, ces portes d'écluses peuvent être ouvertes; comme les pores ou canaux poreux se présentent en nombre très variable, sont très diversement ordonnés, affectent des directions très diverses, ils ne contribuent pas peu à produire la variété des formes des cellules et des tissus. Nous devons d'abord signaler que leur disposition habituelle est celle d'une spirale courant autour de la membrane en limitant des espaces pleins, plus ou moins écartés les uns des autres. Nous devons ajouter que, dans beaucoup de cellules, la partie du canal poreux voisine de la couche la plus externe de la membrane cellulaire est beaucoup plus large que le canal lui-même ; il se produit ainsi un espace presque fermé, une sorte de petite cour, située dans l'épaisseur de la membrane cellulaire.

On désigne les canaux poreux pourvus de ces petites cours sous le nom de ponctuations aréolées et les cours elles-mêmes sous le nom d'aréoles.

En dehors des épaississements réguliers des parois cellulaires, il se forme souvent des *excroissances* limitées à des points déterminés, affectant la forme de saillies, de pointes, de réseaux et se produisant aussi bien sur la face externe que sur la face interne de la membrane ; ce dernier cas se présente principalement à la surface des cellules qui limitent le corps des plantes.

Les épaississements limités à la face interne des cellules se présentent déjà dans les cellules pourvues des ponctuations dont nous avons parlé. Dans d'autres cellules, il se produit des sillons qui courent en spirale sur la surface interne de la paroi cellulaire ; la partie épaissie de la paroi est astreinte à courir entre ces sillons, en affectant comme eux la forme d'une vis.

C'est ainsi que se forment les cellules dites spiralées.

Les vaisseaux offrent un choix très riche de formations délicates et de modifications des ponctuations.

Indépendamment de ces ornements en relief à l'aide desquels le protoplaste orne en dehors et en dedans son enveloppe, la membrane cellulaire offre des couches de coloration différentes, les unes blanches, les autres grises, alternant les unes avec les autres.

Mais ce ne sont pas des couches distinctes, appliquées les unes sur les autres, qui constituent cette formation, comme plusieurs habits que l'on superposerait, ou bien comme des papiers de tenture que l'on collerait les uns sur les autres sur un mur. La substance qui constitue la membrane des parois est dans tous les points identique à elle-même ; les diverses parties ne se distinguent que par la quantité d'eau qu'elles contiennent, c'est-à-dire que les diverses couches ne sont pas également riches en eau. Il en résulte une différence de densité qui leur donne l'aspect de pellicules appliquées les unes sur les autres.

La richesse en eau de certaines couches de la

membrane peut être très grande et la cohésion des particules de cellulose peut diminuer au point que la membrane perde sa solidité habituelle et se transforme en une substance gélatineuse ou même liquide.

La substance cellulosique subit aussi l'influence des matières étrangères qui peuvent modifier sa nature chimique. Dans beaucoup de cellules, les couches extérieures et intérieures subissent des transformations différentes; elles se solidifient et se liquéfient, ou prennent le caractère du liège, ou bien encore elles se transforment en gomme ou en d'autres substances, etc.

Nous devons considérer ces phénomènes, qui semblent mécaniques, comme des manifestations chimiques du protoplasma.

Toutes les fonctions du protoplasma étudiées jusqu'à présent sont considérées comme partant du corps cellulaire et s'exerçant de dedans ou dehors. Les travaux effectués dans l'intérieur même de la masse cellulaire peuvent aussi être facilement constatés.

La nutrition et le développement de la cellule et de toute la plante à laquelle elle appartient exigent la production, dans l'intérieur de la cellule, de toutes sortes de combinaisons chimiques des corps tenus en dissolution dans l'eau ou seulement suspendus dans ce liquide, comme des

5.

gouttes d'huile, ou déposés par elle sous forme de corps solides. Ces derniers, qu'il est facile d'observer, sont ou bien séparés définitivement, ou bien déposés et immobilisés pour un temps, puis plus tard remis en mouvement.

Nous ne voulons pas étudier ici tous les phénomènes innombrables de cet ordre qui se produisent dans les cellules; nous nous bornerons à l'examen de quelques faits facilement constatables, tels que la production des cristaux d'oxalate de chaux et celle des grains d'amidon et d'aleurone.

Les corpuscules solides qu'on trouve dans l'intérieur des cellules doivent être considérés, au même titre que beaucoup de liquides, comme des manifestations chimiques et plastiques du protoplaste, attendu que la plante ne peut pas les avoir pris au dehors sous la forme solide. Ces substances se forment dans les vacuoles du protoplasma, où l'on constate leur existence.

En ce qui concerne les corpuscules d'amidon, leur structure présente une telle analogie avec celle de la membrane cellulosique qu'on doit évidemment les considérer comme le résultat de l'une des fonctions les plus délicates du protoplaste.

Le protoplaste bâtit sa maison, la consolide, la décore selon ses besoins et prépare dans son inté-

rieur les provisions qui seront plus tard nécessaires à sa nutrition.

C'est lui-même aussi qui se procure et choisit
les matières premières nécessaires à la fabrication
de ses aliments, ainsi que nous le montrerons
plus tard.

Jetons d'abord un coup d'œil sur quelques substances que le corps cellulaire semble dans la nécessité de préparer lui-même.

VI. — *Dissolution des membranes. Réunion des cellules.*

La construction d'un grand organisme formé
de délicates cellules réunies par milliers et l'as-
semblage de celles-ci en organes intérieurs exigent, en dehors de tous les travaux architectoniques de la cellule décrits plus haut, des efforts
spéciaux.

Le plus important est la constitution et l'arran-
gement d'un grand nombre de cellules en tissus
cellulaires, puis la construction de l'individu organisé.

Les tissus ne se forment pas à l'aide de cellules
d'abord isolées qui se juxtaposeraient ensuite. La
cellule se distingue ainsi des pierres de bâtisse
d'une maison; la première se produit elle-même
et sert tout à la fois de substruction et de cons-

tructeur. Ainsi une cellule primordiale engendre, en se divisant, par une suite sans fin de générations, toutes les cellules d'un même organisme. Les cellules ainsi produites prennent chacune la place et la forme qui conviennent à l'organisation de l'ensemble.

Mais, si illimitée que soit la plasticité des cellules, l'expérience nous apprend que certains organes ne peuvent être produits que par des cellules contractant entre elles certaines relations et entrant en communication les unes avec les autres.

Il est vrai que certains vaisseaux des plantes sont formés par une seule cellule très allongée en tube par suite de l'accroissement de son protoplaste dans une seule direction ; mais d'autres vaisseaux ou canaux de même genre et certains réservoirs de provisions sont formés par l'élargissement des espaces situés entre les cellules ou espaces intercellulaires.

Des rangées de cellules vivantes peuvent aussi s'unir les unes aux autres pour former des tubes et des conduits. Dans ce cas, il est nécessaire que des ouvertures se produisent dans les membranes cellulaires d'abord closes de toutes parts. Ces ouvertures sont souvent représentées par les pores dont nous avons parlé plus haut. Mais il peut se produire aussi entre les cellules des communications

beaucoup plus larges , par destruction totale de
la cloison qui sépare deux cellules situées l'une
au-dessus de l'autre ou juxtaposées latéralement,
de façon à déterminer la production de vaisseaux
qui traversent toute la plante de la manière la
plus ingénieuse et peuvent même être distribués
de façon à former des réseaux à mailles fines. Ces
réseaux peuvent encore être complétés par la production de branches latérales émises par les tubes
qui les forment. Les cellules émettent des rami-
fications qui rampent entre les cellules voisines et
se fondent les unes avec les autres.

Comme tous ces travaux architectoniques ne
sont accomplis que grâce à la présence du protoplaste vivant, nous devons les considérer comme
des phénomènes dus à l'activité de cet architecte.

Nous avons vu qu'une grande accumulation
d'eau entre les molécules de cellulose peut les désagréger, puis les faire passer à l'état gélatineux;
si cette accumulation est poussée plus loin, elle
peut enfin surmonter la force de cohésion moléculaire et aboutir à la complète dissolution des
parties solides des membranes.

Qu'une membrane soit traitée de la sorte dans
un point plutôt que dans un autre, cela est dû
nécessairement à des circonstances locales que
nous devons rationnellement chercher dans l'activité du protoplaste lui-même.

Ce dernier se comporte de diverses façons. On voit souvent des rangées de cellules se réunir en perdant leurs cloisons de séparation sans avoir au préalable formé de ponctuations; c'est ainsi que se forment les vaisseaux à sucs laiteux ou laticifères et les vaisseaux utriculeux.

Après la destruction des cloisons qui séparaient deux cellules voisines, les deux protoplastes se réunissent et se confondent. Ce phénomène se produisant dans un grand nombre de cellules, il se forme un protoplaste nouveau, d'un ordre supérieur, résultant de la fusion d'un grand nombre de protoplastes d'abord indépendants, mais constituant un individu véritable, une sorte de personnalité. On voit par ce fait que l'individualité qui semble immuable peut être de valeur très différente. L'organisation de cet énorme symplaste paraît d'ailleurs se simplifier, car on ne peut plus apercevoir, quand il est achevé, ni les rubans protoplasmiques mobiles, ni les petits courants de granulations que les différents protoplastes présentaient avant de se confondre. On ne peut pas douter cependant que l'utricule primordiale reste vivante et active et soit même le siège des transformations de matières nécessaires aux besoins de la vie.

Le protoplasma des vaisseaux se conduit d'une façon différente. Après avoir garni les membra-

nes cellulaires de couches épaisses parsemées de
canalicules et avoir percé les ouvertures de leurs
demeures cellulaires de façon à réunir les cellules
en longues galeries continues, le protoplasma
disparaît. Ici, les protoplastes ont terminé leur
œuvre.

Il semble qu'il ne soit plus nécessaire qu'ils restent vivants, les canaux qu'ils ont creusés n'étant
destinés à laisser passer que de l'air et de l'eau.

Les habitants des cellules ne sont plus indispensables les uns aux autres, aussitôt qu'ils ont
ouvert les portes d'une cellule à l'autre, comme
dans le cas ci-dessus. Bien plus ils ont dans l'in-
térêt du tout à sacrifier leur existence, et il ne se
forme pas de symplaste. Aussi peut-on par la ma-
cération dans des réactifs convenables isoler les
cellules qui forment les canaux vasculaires, en
dissolvant les substances qui unissent les membranes cellulaires les unes aux autres.

Les mêmes réactifs, au contraire, isolent les
canaux laticifères des cellules voisines en conser-
vant leur intégralité.

Ainsi le protoplasma vivant peut non seulement
acquérir des tailles différentes, mais encore se
réunir de la façon la plus intime avec ses semblables et travailler alors comme unité multiple
d'un ordre plus élevé.

La fusion des membranes et l'union des protoplastes se font aussi d'une autre manière dans des circonstances différentes.

Nous avons déjà fait allusion plusieurs fois à des cellules qui se débarrassent de leur prison cellulosique et qui nagent ensuite en liberté. C'est ainsi qu'agissent les zoospores et les anthérozoïdes.

Ce sont ou des corps cellulaires entiers ou des parties de ces corps qui se mettent à errer ainsi. Ils se plaisent d'abord à vivre comme d'autres protoplastes dans une cavité cellulaire et doivent s'en débarrasser avant d'être en état d'échanger les mouvements qu'ils faisaient dans l'intérieur de leur membrane avec les mouvements libres extérieurs.

La mise en liberté peut se faire par l'ouverture d'une porte, c'est-à-dire par la dissolution de toute une partie de la paroi cellulaire ou par sa déchirure. Pour atteindre ce but, le protoplaste emploie d'ordinaire un artifice très simple. Il produit entre l'utricule azotée et la membrane cellulosique une couche de substance mucilagineuse, due au gonflement des matières cellulaires elles-mêmes et disposée de telle sorte qu'elle aspire du dehors, petit à petit, à travers la paroi cellulaire, une quantité d'eau très considérable.

Le gonflement continu de cette couche lui fait exercer une pression qui agit de tous les côtés et à laquelle la paroi cellulaire finit par ne plus pouvoir opposer de résistance; alors elle éclate. La masse gélatineuse qui a déterminé la déchirure ouvre le chemin au protoplaste qu'elle entoure, et celui-ci s'en sert pour passer de force à travers l'ouverture, quelle que soit l'étroitesse de celle-ci, en changeant de forme suivant les circonstances.

Auparavant, il a déjà retiré à lui ses membres et a pris la forme d'une sphère plastique qui peut se rétrécir et s'allonger. Pour sortir, cette sphère plastique s'amincit en avant pendant le passage et se grossit d'autant par derrière, puis au contraire grossit dans sa partie antérieure déjà passée et s'amincit en arrière afin de se faufiler tout entière par l'orifice trop étroit de la cellule. Nous avons déjà vu plus haut comment le monoplaste devenu libre se sert de ses rames, de sa tête et même de son point rouge; nous avons vu aussi comment il peut ensuite se fixer et se développer en une petite plante nouvelle. Mais beaucoup d'entre eux cherchent d'abord à s'accoupler, action qui généralement a pour but la création d'un nouvel être semblable à ses parents.

Dans certaines espèces d'Algues, deux protoplastes errants ne se rencontrent jamais, quel que soit le lieu où ils se trouvent en rapport, sans s'attacher l'un à l'autre et se fondre petit à petit par toute la surface de leurs corps qui s'est trouvée

en contact, jusqu'à ce qu'ils soient complètement
unis en un seul symplaste qui, la plupart du temps,
ne tarde pas à se fabriquer une enveloppe.

De telles fusions peuvent s'opérer entre des
formes semblables, ou bien entre des monoplastes
dissemblables et inégaux en taille et en qualité.
Dans ce dernier cas, on considère l'acte de leur
réunion comme un phénomène sexuel et on donne
le nom de mâle au plus petit des deux monoplastes
qui est souvent aussi le plus remuant, ou qui même
est seul mobile, et l'on considère le plus gros, qui
souvent reste tranquille, comme le corps féminin
générateur. Les circonstances qui accompagnent
ces actes sont très variables.

Dans les Fucus, le monoplaste féminin est grand,
sphérique, sans organes de locomotion ; il doit at-
tendre que de très petits mâles munis de cils en
avant et en arrière se rapprochent de lui et disparaissent dans sa masse.

Ce n'est pas seulement dans l'état de liberté que
ces monoplastes se livrent à l'acte important dont
nous parlons, mais même lorsque la cellule fémi-
nine reste en repos dans sa retraite et y attend
les cellules mâles. Il faut alors qu'elle leur ouvre
une petite porte, ce qu'elle fait la plupart du
temps à l'aide de la production des substances gélatineuses dissolvantes dont nous avons parlé plus

haut. Le mâle peut alors se glisser jusqu'à elle et mêler sa substance à son corps protoplasmique.

C'est ainsi que les faits se passent dans les *Vaucheria, Œdogonium* et autres Algues. Enfin une double clôture n'empêche pas les deux protoplastes-créateurs de se réunir. Dans la petite famille des Algues conjuguées, la copulation s'accomplit entre des cellules qui ne sont pas nomades. Les corps de cellules qui sont attirés les uns vers les autres ne s'ouvrent pas de porte et ne se glissent pas au dehors, mais ils produisent des prolongements de leurs membranes qui vont à la rencontre l'un de l'autre, se mettent en contact par leurs extrémités et s'unissent étroitement l'un à l'autre. Puis, par résorption, il se produit dans chacun des deux prolongements une ouverture par laquelle les deux protoplastes s'accouplent en une seule cellule arrondie, comme dans les cas signalés plus haut. Dans ce cas, la réunion peut se produire dans un point intermédiaire aux deux cellules, ou bien il se peut aussi qu'un des protoplastes attende tranquillement l'autre dans sa demeure. Dans ce cas, il y a manifestation de propriétés différentes chez les deux protoplastes, dont l'un joue le rôle de femelle et l'autre celui de mâle.

Pour le but que nous poursuivons, les faits que nous venons de citer doivent suffire à mettre en lumière, d'une part, l'action dominatrice qu'exerce le protoplaste cellulaire dans la cellule qu'il a fabriquée lui-même ; il la transperce, l'ouvre et l'abandonne et même peut la détruire complètement pour conquérir sa liberté ou bien pour s'unir à d'autres; d'autre part, ils montrent que le protoplaste peut faire le sacrifice complet de son être et passer dans une organisation d'un ordre plus élevé pour former des individus appelés à posséder des aptitudes nouvelles.

Nous aurons maintenant à nous occuper de phénomènes inverses, c'est-à-dire de la séparation, de l'émiettement et de la réduction du corps cellulaire.

VII. — *Division des cellules.*

Chaque corps cellulaire vivant, quelle que soit sa taille, accroît sa propre substance à l'aide des matériaux puisés dans le milieu ambiant. Il se comporte de la même manière quand il est uni à d'autres individus. Dans ce cas, il continue à vivre en travaillant en commun avec les individus auxquels il est lié, et tous s'accroissent simultanément. Chaque protoplaste peut aussi se diviser en deux ou plusieurs parties ou détacher de son corps des fragments destinés à avoir une existence propre. Une division doit également se produire quand un corps végétal devient assez volumineux pour entreprendre les différents travaux qui dans un végétal unicellulaire sont accomplis par les diverses parties de la cellule. Des groupes de cellules remplacent alors des cellules d'abord isolées. Il se produit, dans une masse plastique jusque-là unique, des divisions qui donnent naissance à une masse plus ou moins considérable de cellules. Quelle est la force qui divise ce qui jusqu'alors était uni et qui maintenant va agir dans deux directions différentes?

Nous approfondirons cette question plus tard. Nous devons d'abord étudier le phénomène de la division. Les éléments cellulaires se différencient dans le point où se forment le bourgeon et les jeunes organes. Il se manifeste au moment des divisions cellulaires une activité et une énergie du mouvement vital plus grandes qu'au moment de la croissance de la cellule. Les divisions continuent à se produire pendant la première jeunesse ou mieux l'enfance des organes. Nous voyons, par exemple, dans le point végétatif des organes en voie d'accroissement des cellules disposées les unes sur les autres et à côté les unes des autres, par couches, et n'offrant encore qu'une taille très minime, comme si elles provenaient d'une masse plastique coupée en long et en travers. Par suite de divisions effectuées suivant les trois directions de l'espace, le corps protoplasmique des cellules se multiplie continuellement en formant toujours des parties nouvelles plus petites, cubiques ou polyédriques, qui elles-mêmes se subdivisent ultérieurement. A cet âge de la cellule, la substance plasmatique paraît tout à fait solide ; elle offre l'aspect d'un mélange compact d'hyaloplasma et de petites granulations. Cette substance est si dense, qu'on ne peut guère y distinguer des parties liquides ni des courants semblables à ceux dont nous avons parlé précédemment. C'est à peine si dans l'intérieur de chacune des petites cellules on peut distinguer une masse arrondie et limitée, qui est le noyau cellulaire ; celui-ci contient souvent plus de matière qu'il n'en reste autour de lui dans la cavité de la cellule.

Au moment où la division de la cellule se produit, sa substance est encore homogène et surtout extrêmement délicate ; mais elle se montre séparée en deux par une fente qui se remplit bientôt de cellulose claire et transparente. De quelle manière, à la suite de quels phénomènes et dans quel ordre les parties de protoplasma se séparent-elles les unes des autres, nous le saurons difficilement, jusqu'à ce que nos moyens d'optique nous permettent des observations plus exactes, plus minutieuses. Pour le moment, nous devons, dans beaucoup de cas, nous contenter de cette expression : « le protoplasma se divise. » Nous ne pouvons pas dire d'une manière certaine si la fente se produit au même instant dans toute son étendue.

Si égales en taille que soient les petites cellules résultant de cette division, et quelque privé de plan d'organisation que paraisse leur amas, nous verrons que l'ensemble de la masse des produits provenant de la division prend constamment la forme qui est nécessaire à la stature de l'organe qu'elles doivent constituer. Un plan unique dirige l'ensemble du phénomène. Cela se manifeste de la manière la plus convaincante lorsque les membres d'une plante en voie de développement s'accroissent simultanément suivant des plans différents et se constituent en parties différentes, suivant les exigences de l'architecture générale.

Un peu plus tard, la fonction des diverses cellules consiste à provoquer la croissance de l'organe sur une plus large échelle, et en suivant un plan déterminé.

Il s'écoule alors un certain temps pendant lequel la division et le développement des cellules se produisent alternativement.

Enfin la division cesse presque complètement, et les cellules n'ont plus qu'à s'accroître par l'alimentation.

Nous devons maintenant étudier les divers modes de mouvement du noyau dans l'espace cellulaire. Cette étude peut être faite pendant la période d'accroissement de la cellule, alors que le protoplasma s'est différencié en membres distincts.

On voit alors le noyau cellulaire dans son enveloppe tantôt se reposer près de la paroi, tantôt se placer au milieu des rubans protoplasmiques comme une araignée au centre de sa toile et trôner au sein des cordons protoplasmiques tendus en rayons autour de lui. Lorsque le noyau cellulaire est sur le point de se séparer en deux comme la cellule, il est remorqué dans le point où la fente de division doit se produire, et il se forme autour de lui une couche épaisse de protoplasma qui s'étend d'un côté à l'autre de la cellule à travers la cavité de cette dernière.

Dans les cellules parenchymateuses de l'intérieur d'une partie de la plante, cette couche de protoplasma est disposée transversalement à peu près dans le champ équatorial de la cellule.

Plus rarement, elle est placée dans la direction méridionale et encore plus rarement dans une direction oblique. Dans la plupart des cas, les cellules se divisent en deux moitiés à peu près égales, soit dans le sens de la longueur, soit dans celui de la largeur, plutôt qu'obliquement ou irrégulièrement, ce qui produirait une portion plus grosse que l'autre. Le mode de division dépend évidemment du résultat architectonique qu'il s'agit d'obtenir et suivant qu'il doit se produire soit des rangées, soit des couches, soit des amas et des membranes, ou des réseaux de cellules, ou des cellules isolées.

Lorsque le noyau cellulaire est situé dans le milieu du champ de partage, les rubans latéraux ou obliques disparaissent souvent, mais pas toujours. Dans le plan de la cellule qui est perpendiculaire à la direction du plan de division, persiste habituellement un fort ruban très tendu, portant dans sa partie médiane la vésicule enveloppante du noyau et le noyau lui-même, et fixé par ses deux extrémités élargies à l'utricule azotée. Ce ruban et la couche équatoriale maintiennent ensemble le noyau suspendu au centre de la cellule, pendant que sa division s'opère en même temps que celle de toute la cellule.

Le noyau cellulaire lui-même se prépare à la division par un changement dans sa physionomie qui permet de distinguer le point dans lequel il se divisera.

Nous avons dit précédemment que la plupart des noyaux cellulaires ne sont pas formés d'une substance homogène, comme on l'a cru pendant longtemps, mais qu'ils présentent un aspect légèrement granuleux. Cet aspect révèle l'existence d'une substance formée de matériaux dissemblables.

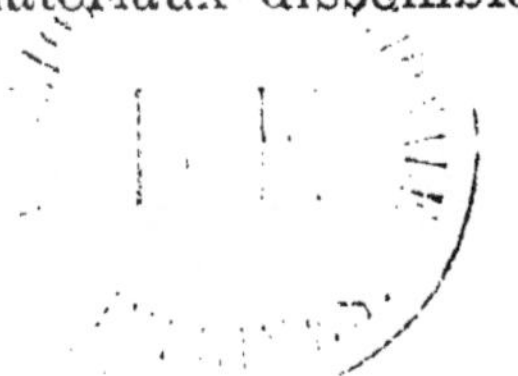

D'après beaucoup d'observations récentes, on est arrivé à admettre comme probable que vers l'époque de la division le noyau acquiert une structure de plus en plus complexe et finit par être formé de cordons et de filaments spiralés, irrégulièrement enchevêtrés, tantôt visibles à l'œil et tantôt invisibles, confondus les uns avec les autres au niveau de leurs points de contact où ils paraissent plus épais.

Cette structure trahit peut-être, comme nous l'avons déjà supposé, une disposition régulière de bandes denses, éparses dans une masse fondamentale moins dense, ou peut-être des couches pauvres en eau dans une masse au contraire très aqueuse. Pour que la division se produise, il paraît nécessaire que la substance qui va se segmenter subisse des différenciations considérables. Du moins, il en est ainsi dans beaucoup de cas pour les cellules animales et végétales d'espèces très diverses. Le grossissement du noyau se termine enfin par la division des filaments entortillés en fragments qui affectent souvent la forme de petites baguettes fines et droites ou de petites massues qui dirigent l'une de leurs extrémités, celle qui est la plus épaisse, contre la surface future du plan de division, et se disposent en deux petits tas séparés l'un de l'autre et situés chacun à l'une des extrémités du noyau. Il semble même parfois

que la substance entière du noyau s'est accumulée
dans ces petites baguettes et que plus les deux
groupes se séparent l'un de l'autre et se présentent aux yeux comme deux individualités distinctes, plus les deux masses nucléaires nouvelles
autonomes paraissent être formées par elles. Mais
une observation attentive apprend qu'habituellement, après que les petites baguettes se sont formées, le reste de la substance nucléaire, bien que
sa faible densité la fasse échapper aux instruments
optiques, persiste cependant et contient les petits
bâtonnets. La proportion de quantité de ces derniers relativement à la masse du noyau varie
suivant les différents cas. Tantôt les baguettes
se montrent seulement dans la région équatoriale du noyau, tantôt elles remplissent plus ou
moins les deux hémisphères; souvent elles sont
disposées d'abord perpendiculairement à côté les
unes des autres sur la surface équatoriale, en
y formant une simple couche, tandis que vers
les pôles les hémisphères présentent seulement
de fines lignes méridionales, et les couches de
petites baguettes équatoriales se rapprochent petit
à petit des deux côtés en se séparant pour aug-
menter la masse du nouveau noyau. Souvent
aussi, les pôles du noyau sont eux-mêmes remplis d'épais amas de matière, sur lesquels apparaissent fichées les petites baguettes corpuscu-

laires allongeant l'une contre l'autre leurs libres
extrémités souvent épaissies. Dans l'intérieur de
la masse polaire, les nouveaux nucléoles du
nouveau noyau commencent alors à devenir visibles.

Il est très invraisemblable que l'ancien nucléole
se soit tout à fait dissous avant la division et qu'à
sa place il s'en soit formé deux nouveaux. Cette
supposition doit être probablement mise sur le
compte d'une disparition momentanée du nucléole sous d'autres parties.

Certains botanistes ont cru aussi pouvoir admettre que, dans beaucoup de cas de divisions,
le noyau se liquéfiait complètement et se mé-
langeait au protoplasma, d'où sa substance s'iso-
lait ensuite pour former deux nouveaux noyaux.
Après de nouvelles observations, nous sommes
absolument convaincus que cette opinion est er-
ronée. Le noyau forme lui-même ses membres
et les divise en deux moitiés, aussi bien la
partie structurale solide que la partie fondamentale molle et peut-être partiellement liquide. Que
cette dernière partie attire ou repousse plus
d'eau, ou s'incorpore des substances puisées
dans le protoplasma, ou fasse des échanges
avec lui, cela n'est pas contestable, mais n'empêche pas le noyau de conserver son individualité.

Certaines combinaisons se lient aux membres isolés délicats du noyau cellulaire. Si celles-ci nous étaient connues, nous pourrions peut-être en déduire comment le noyau mère, en même temps qu'il divise ses parties matérielles, fait hériter les filaments nucléaires de ses qualités virtuelles; mais, comme nous ne les connaissons pas, les questions ayant rapport à ce phénomène restent pour le moment sans réponse.

Pendant le partage en deux moitiés de la substance qui forme le noyau, il se manifeste encore d'autres symptômes d'extension et d'aspiration de cette même matière du noyau dans la direction des pôles. D'abord, vers les pôles, comme nous l'avons déjà dit, il se forme de petits groupes de corpuscules en forme de baguettes; puis entre eux apparaissent dans le protoplasma de délicates bandelettes dirigées vers le ruban axile et se continuant en partie dans la masse du protoplasma, qui s'étend entre les extrémités et autour des petites baguettes comme si toute la masse de substance avait été mécaniquement tiraillée. Il se produit ainsi, dans le noyau en voie de division, des dessins très élégants, principalement lorsque la masse fondamentale, décrite plus haut, des nouveaux noyaux, s'est retirée vers les pôles, après que les petites baguettes se sont portées vers ces points, et que de délicates lignes méridiennes

s'étendent d'un pôle à l'autre de la sphère nucléaire, déjà traversée par un commencement de
fente équatoriale.

Lorsque la division du noyau cellulaire maternel en deux noyaux filles vient de s'accomplir,
il en sera de même bientôt de toute la cellule. Pendant que les nouveaux noyaux se constituent, pendant qu'ils attirent encore à eux et
condensent la substance du noyau primitif, ou
lorsqu'ils ont terminé ce travail, on voit s'accumuler entre eux la matière qui formera la couche
équatoriale du corps protoplasmique, couche qui
traverse toute la cellule. Cette couche se dédouble
ensuite, et entre ses deux moitiés se forme une
membrane de cellulose.

Les noyaux secondaires, ainsi qu'on l'a dit, se
sont éloignés l'un de l'autre et se sont condensés.
Lorsque ces phénomènes se sont produits, on les
voit souvent encore intimement accolés à la couche
de séparation et paraissant n'être séparés l'un de
l'autre que par la nouvelle paroi cellulaire.

De là découle aisément cette opinion que la division du noyau n'est rien de plus qu'une simple
rupture en deux de sa masse.

Les petites baguettes solides que présentent
d'abord les noyaux secondaires ne tardent pas à
prendre la forme de petits filaments granuleux,
puis toute trace de l'état de division disparaît. Alors

le noyau se rend à son poste de repos, comme cela a déjà été indiqué plus haut. Il rampe le long de la paroi, tout autour de la cellule fille, ou bien la traverse dans l'intérieur d'un ruban protoplasmique, comme pour en faire l'inspection.

Les faits que nous venons d'exposer ont été observés dans les cellules des plantes et dans celles des animaux, par divers naturalistes qui sont tout à fait d'accord quant aux traits principaux que nous venons de détailler. Mais, dans beaucoup de cas, on constate des différences très intéressantes dans la manière d'agir des cellules, eu égard à certaines particularités. La structure et la membrure du noyau qui se divise, ainsi que ses formes spéciales, la production de bandelettes délicates et leur coordination, enfin la transformation régressive et la transmigration également régressive des noyaux filles et de leurs nouveaux corps protoplasmiques, permettent déjà aujourd'hui, bien qu'il y ait peu d'observations de faites, d'admettre que des recherches suivies de ces phénomènes mettront au jour des divergences vraisemblablement plus fortes encore.

Nous sommes bien loin d'être arrivés dans nos recherches à une conclusion positive relativement à la connaissance de ces changements de formes extrêmement délicats. Nous prévoyons maintenant, sur la limite d'un domaine encore insondable, de nouvelles recherches, pour lesquelles il nous faut arriver à une plus grande puissance de nos instruments microscopiques.

Il faudrait étendre beaucoup trop le cadre de notre étude si nous voulions examiner toutes les modifications qui se présentent à nous; rappelons-en brièvement quelques-unes.

Il y a, comme nous l'avons observé plus haut, des cellules qui peuvent posséder plus d'un noyau; d'après les plus récentes observations, il y en a même qui peuvent en posséder cent et mille. Jusqu'à quel point cette polycratie peut-elle remplacer notre noyau monarque, trônant dans une cellule ordinaire ? Agit-elle d'une manière analogue? ou bien ces corps agissent-ils si bien d'un commun accord qu'on ne puisse nier qu'ils occupent dans la cellule la place d'une sorte de noyau cellulaire, même quand l'action est faite par un très grand nombre, action que le noyau seul est en état d'accomplir ordinairement dans la cellule, et qu'ainsi isolé il ne peut probablement parfaire aussi bien ? Tous ces petits corps semblent d'ailleurs être composés chimiquement comme le noyau. On peut facilement s'imaginer que ces corpuscules nucléaires multiples se présentent surtout dans les cellules grandes ou longues, boursoufflées ou ramifiées. En dehors des différents tissus animaux, on les a jusqu'à présent rencontrés, parmi les végétaux, dans les cellules des Cryptogames inférieurs. Cependant il n'est rien moins que vraisemblable que l'on puisse découvrir dans les autres groupes de cellules en forme de vaisseaux, de tubes, etc., des végétaux supérieurs, des noyaux multiples ou des formations analogues qui suppléent ces derniers [1].

Quand une cellule qui contient beaucoup de corps nucléaires se divise, on comprend qu'au moment de la segmentation ces corps ne se divisent pas. Il se produit, d'habitude, une simple répartition des corps nucléaires dans les deux cellules nouvelles.

Après avoir jeté un coup d'œil plus attentif sur certains détails de structure délicats et difficilement perceptibles, comme ceux que présentent les cellules en voie de division, on comprendra que les phénomènes de la division ne puissent être que difficilement observés dans les cellules très jeunes et très pressées les unes contre les autres. Jusqu'à présent, on n'a pu encore décider si, lorsque les noyaux cellulaires sont pressés à l'intérieur d'un corps protoplasmique solide, la formation des petites baguettes et l'extension des filaments nucléaires peuvent se produire; ces

1. Il y a pourtant quelques exceptions, par exemple dans les vaisseaux laticifères de l'Euphorbe.

phénomènes sont en effet rendus difficiles par le peu d'étendue de l'espace cellulaire.

Çà et là, il se forme très rapidement des générations de cellules, qui ne développent pas de parois cellulaires avant d'avoir atteint une certaine maturité et de s'être accumulées en certain nombre. Dans ces cas, les phénomènes de segmentation se simplifient de toutes sortes de manières.

D'autres fois, par exemple dans les sacs embryonnaires des Phanérogames, de jeunes cellules peuvent se former dans la cellule maternelle et s'y montrer à l'état indépendant. Beaucoup d'études ont été faites récemment sur ce sujet ; certains auteurs sont arrivés à admettre que dans un point quelconque du protoplasma de la cellule mère il se forme un noyau autour duquel du protoplasma se condense pour former une cellule ; un grand nombre de noyaux et de cellules pourraient ainsi naître simultanément dans une seule cellule mère ; c'est ce que l'on a appelé la formation cellulaire libre. Cette hypothèse est aujourd'hui à peu près abandonnée ; partout on a trouvé des raisons pour admettre que dans ce cas les prétendues cellules filles ne sont que de nouveaux noyaux cellulaires, issus de la division d'un noyau préexistant. On a observé plus ou moins minutieusement la production des petits corps en forme de bâtonnets et les systèmes de filaments des nouveaux noyaux, et on en a conclu que ces nouveaux noyaux sont formés d'une manière analogue à celle qui a été décrite plus haut. Leurs membres et la substance qui y est inhérente se divisent, et le domaine environnant du corps protoplasmatique maternel s'approprie à leur usage au point de vue dynamique aussi bien que mécanique.

D'un autre côté, il y aurait à se demander comment les cellules qui n'ont pas de noyau ou, plutôt, celles dont on n'a pas encore découvert le noyau, se divisent. Elles agissent, cela va sans dire, comme celles qui ont beaucoup de noyaux.

Les cellules citées dans les livres scientifiques comme dépourvues de noyau, et celles dont la segmentation est décrite comme tout à fait spéciale, ont été considérées dernièrement comme se comportant de la même façon que celles qui ont de nombreux noyaux. Dans celles-ci, le corps du protoplasma se dispose en une couche équatoriale, comme dans les cas décrits plus haut. Il semble que les petits corps nus de beaucoup de cellules nomades ou destinées à l'être se comportent de la même manière. La division du corps maternel se répète souvent et vite pour donner naissance à de nombreuses petites cellules filles.

Lorsque des cellules d'abord isolées se réunissent en un corps cellulaire d'un ordre plus élevé et représentant une individualité plus ou moins fortement personnifiée, il est facile de comprendre que la division d'une cellule primitive en deux ou plusieurs nouvelles cellules n'a pas toujours besoin de s'accomplir complètement. Ces nouveaux corps cellulaires, à peine ou incomplètement séparés les uns des autres, peuvent rester juxtaposés dans l'enveloppe de la cellule mère. De celles-ci, jusqu'à celles qui possèdent un grand nombre de noyaux, il peut exister de nombreux degrés d'individualisation des cellules.

Supposons que beaucoup de noyaux soient régulièrement répartis à la surface de l'utricule primordiale, comme dans beaucoup de Conferves (*Vaucheria* et Algues voisines), chaque corps de cellule avec sa membrane et son contenu restant indépendant ou autonome, nous aurons un premier pas fait vers la transformation de l'individu en collectivité. Il est dès lors facile de comprendre comment peuvent s'effectuer d'une part le perfectionnement de l'individu et de l'autre son effacement.

En regardant les choses de près, nous pouvons considérer la formation de membres extérieurs, de cils, de pseudopodes et celle de rubans intérieurs ou de vésicules, comme le premier pas fait vers la division des cellules, de même qu'il est permis de regarder la fusion de ces membres délicats comme un premier degré d'effacement de l'individualité.

Il se peut aussi qu'un noyau de cellule, supérieur aux autres en force et en grosseur, dirige l'hégémonie, comme cela arrive peut-être dans certains corps de cellules animales, par exemple dans certains Infusoires.

Des recherches suivies conduiront ici encore à la découverte d'intéressants modes de transformation qui élucideront les procédés de développement des longues et très variées séries de formes structurales qui se présentent aujourd'hui à notre observation.

VIII. — *Cellules et tissus animaux.*

Nous avons jusqu'à présent étudié les cellules organiques et leur protoplasma en nous plaçant à un point de vue général, mais cependant en tirant surtout nos exemples du règne végétal. Il est nécessaire maintenant d'étudier comparativement les cellules et les tissus animaux, afin de nous assurer s'ils offrent les mêmes caractères ou s'ils diffèrent par quelque point des cellules et des tissus des végétaux.

Nous avons exposé les procédés à l'aide desquels le protoplaste vivant bâtit son enveloppe de matière cellulosique, comment les cellules des plantes vivent isolément ou réunies en certaines associations qui en font de grandes et ingénieuses constructions formant le corps de la plante. Pour construire un chêne de milliers d'années, il faut un nombre énorme de différentes sortes de cellules.

Un plan artistique architectonique doit être mis à exécution au moyen d'innombrables milliards de cellules distinctes. Celles-ci sont employées comme des pierres de bâtisse, ou agglomérées en formes vastes et membrées, ou fondues pour la construction de tous les nombreux membres du monument gigantesque qu'elles doivent former.

Il faut d'innombrables cellules distinctes se pressant les unes contre les autres pour réunir leurs formes architectoniques et leur action, pour constituer des conduits, des galeries, des charpentes et des canaux.

Il n'y a pas de corps animal qui puisse être comparé, même de loin, pour la grandeur et la masse, avec les géants, âgés de milliers d'années, du règne végétal. Au point de vue de l'entassement de la matière inerte en masses colossales, c'est le règne végétal qui parvient aux résultats les plus énormes que peuvent jusqu'à présent produire sur la terre les êtres vivants. Nous n'avons pas à insister là-dessus. Pourtant la construction

du corps animal exige une organisation, une exécution de plan beaucoup plus ingénieuse encore.
Ici se présentent de tout autres problèmes. Il y
a à se conformer à des nécessités beaucoup plus
grandes et beaucoup plus compliquées. La « psy-
ché » animale doit avoir à sa disposition un appareil beaucoup plus délicat pour le meilleur exercice
de ses facultés les plus subtiles. La plante se tient
fixe et se nourrit par un travail de succion régulière sur la place même où elle se trouve. L'animal doit chercher sa proie. Il lui faut le mouvement et les sensations qui le déterminent. La
plante produit les mouvements qui lui sont propres très lentement, sauf de rares exceptions. Il
est indispensable à l'animal de se mouvoir subitement, avec ardeur et généralement avec des
mouvements vifs, qui exigent un prodigieux développement de forces, sans quoi il ne peut remplir
le but de sa vie ou même simplement maintenir
son existence. Les impressions extérieures doivent être sûrement et vivement saisies au moyen
d'appareils des sens délicats et spéciaux dont les
sensations sont complétement perçues par l'organe central. Il faut que ces impressions soient
suivies de mouvements correspondants, les plus
divers et les plus énergiques. Pour cela, la forme
de construction des cellules des plantes ne suffit
pas. Les membres des plantes, quelque capables de

mouvements que soient intérieurement leurs pro-
toplasmas isolés, sont incapables de cela ou n'y
sont pas habiles. Le mouvement des membres
des animaux et l'excitation qui les met en activité
doivent être beaucoup plus importants que dans
les plantes.

Faire des sauts ou donner des coups exige des
leviers beaucoup plus solides et cependant délicatement flexibles , des tendons résistants et
souples, une organisation élastique et faisant ressort.

Pour provoquer et diriger l'excitation dans les
divers points de l'organisme, il est nécessaire que
des relations télégraphiques toutes particulières
soient établies. Pour organiser, pour nourrir, pour
maintenir toujours souple et en état cet instru-
ment si ingénieux sous tant de rapports, il faut
un matériel alimentaire facile à transporter et
doué de qualités nutritives toutes particulières,
qui soit toujours sous la main et qu'on puisse se
procurer partout rapidement. Pour que cette force
matérielle attirante et repoussante puisse se com-
muniquer à chaque instant d'atome à atome, il
faut que le propulseur universel, l'oxygène, se
trouve présent dans l'intérieur du corps animal et
même qu'il puisse y être amené instantanément.

Quel problème formidable est posé au travail
cellulaire architectural du protoplasma? Est-il en

son pouvoir de l'exécuter seul ? et comment s'y prendra-t-il pour l'accomplir ? L'examen des longues et multiples séries de formes animales qui se présentent à nous et celui de leurs activités cellulaires jettent le plus grand jour sur la nature des phénomènes vivants.

Il y a cinq traits importants par lesquels la structure cellulaire des plantes diffère de celle des animaux. D'abord la cellule animale ne se construit pas d'enveloppe cellulaire; beaucoup d'entre elles restent nues, d'autres s'entourent de pellicules qui, pendant toute leur existence, restent tendres, molles, malléables, et, la plupart du temps, se rapprochent par leur composition chimique de la protoplastine.

En second lieu, la cellule animale possède une tendance et une capacité plus grandes à se transformer en individualité d'un ordre élevé, d'où résulte une organisation plus parfaite des tissus.

Les cellules animales possèdent encore à un plus haut degré la propension à s'articuler, sans produire de véritables cellules filles autonomes. On rencontre plus souvent chez les animaux que chez les plantes des cellules qui se différencient en parties distinctes en exerçant une action spéciale, mais ne se séparant pas de la cellule mère. Les nombreux noyaux cellulaires dont on constate alors l'existence sont le témoignage de cette différenciation.

Enfin, il se présente dans le corps des animaux un phénomène tout à fait inconnu dans les organismes végétaux. On y retrouve des cellules isolées dans des espaces intercellulaires remplis de liquides, tels que les vaisseaux; ces cellules y nagent librement et, d'après ce qu'on sait actuellement, possèdent la faculté de s'intercaler momentanément aux autres pour redevenir ensuite mobiles et même se multiplier.

Les cellules de certains tissus animaux montrent en partie la plus surprenante ressemblance avec les cellules des tissus des plantes. Elles ont leur protoplaste distinct, ainsi que leur noyau et ses corpuscules, avec des membranes enveloppantes nettement différenciées. Telles sont, par exemple, les cellules graisseuses, les cellules cartilagineuses, beaucoup de cellules épithéliales et autres.

Ces formes imitent les formes simples du parenchyme et du tissu épidermique des plantes. Dans les membranes de certaines cellules animales, nous retrouvons, comme dans les membranes des cellules végétales, des canaux poreux, notamment dans certaines cellules de la peau et du tissu osseux. Le mode de formation est le même que dans les plantes; mais les matériaux sont différents : au lieu de cellulose et de matière gommeuse, les tissus animaux accumulent d'abord des combinaisons albuminoïdes. Il se forme ensuite, à l'aide de ces substances, différentes combinaisons, telles que la *mucine* ou la *chitine* des cellules épidermiques, la *chondrine* des cellules cartilagineuses, la *glutine* des cellules osseuses, des tissus musculaires et du tissu conjonctif. Le protoplasma fabrique ici de la graisse ou élimine de la chaux qui, dans les tissus osseux, s'amasse en grande quantité dans les espaces qui séparent les corps protoplasmiques des cellules.

La formation de la limite extérieure des cellules ressemble d'abord beaucoup à celle des cellules végétales. De longs filaments cellulaires entrent comme parties constituantes dans les tendons, les muscles, etc. Des cellules pourvues d'un ou plusieurs prolongements entrent dans la constitution des ganglions et forment les nerfs par leurs prolongements. Des cellules étoilées, très ramifiées, se présentent dans différents tissus conjonctifs.

Dans les cartilages, il se produit, par suite de l'épaississement des membranes des cellules, une masse intermédiaire, compacte, dans laquelle sont dispersés les protoplastes et leurs noyaux. Dans ces masses intermédiaires, on peut souvent distinguer des filaments disposés en réseaux dans une substance fondamentale uniforme. Les membranes primitives des cellules ont acquis des formes plus distinctes et se sont transformées plastiquement aussi bien que chimiquement. Il est vrai que bien des effets de l'activité protoplastique restent encore cachés et inexplicables.

Dans le tissu osseux se montrent des couches disposées régulièrement et des cellules pourvues de petits canalicules rayonnants, semblables aux cellules pierreuses des plantes; ces cellules sont disposées dans une masse intermédiaire formée par elles et incrustée de sels de chaux.

Enfin les membranes et les tissus conjonctifs sont constitués par des cellules de diverses formes dont les interstices sont remplis par des filaments longs et délicats, tantôt lisses et accolés l'un à l'autre dans le sens de la longueur, tantôt entre-croisés, formant des tissus, tantôt mous et tantôt durs, rigides ou élastiques, organisés en vue des fonctions les plus diverses.

On n'a pas encore suffisamment approfondi si les parties constituantes de ces tissus sont des formations intermédiaires et extérieures aux cellules, ou bien si beaucoup d'entre elles doivent être considérées comme des cellules ou des parties de cellules. Comme nous l'avons déjà signalé plus haut, il y a des excitations de sens, des mouvements pour courir et des mouvements pour saisir indispensables à l'existence de l'animal, qui exigent des instruments organisés d'une façon spécialement ingénieuse et atteignant la constitution cellulaire plastique la plus parfaite. L'image microscopique d'un filament de viande, d'un muscle qui a servi au mouvement volontaire d'un animal supérieur, dénote que ce muscle a une structure particulière, délicate et ingénieuse. On y remarque une substance analogue au protoplasma, entourée de minces enveloppes et offrant des raies en long et en travers. A l'aide d'un plus fort grossissement, les stries longitudinales se montrent formées d'un grand nombre de corps très courts qui semblent prismatiques et réfractent plus fortement la lumière que la substance intermédiaire dans laquelle ils sont plongés et par laquelle ils sont maintenus en rangées longitudinales et transversales.

D'après nos connaissances actuelles, nous devons admettre que le protoplasma possède une organisation intime analogue à celle dont nous venons de parler et rappelle jusqu'à un certain point la structure du noyau dont il a été question plus haut. Les filaments primitifs des muscles contenant une grande quantité de noyaux cellulaires, ces filaments se rencontrent unis par milliers et peuvent devenir tantôt plus longs, tantôt plus minces, tantôt plus épais, tantôt plus courts par le rapprochement ou l'éloignement des nodules protoplasmiques dont ils sont formés.

De légères transmigrations de la protoplastine dans les nodules des filaments sont la seule cause des plus vigoureux effets mécaniques. Le coup mortel que donne la patte de l'ours est occasionné par une suite minime, mais très subite, de déplacements moléculaires dans les filaments musculaires de cet organe. Il est vrai que nous ne savons pas encore comment il se fait que l'excitation de la volonté conduite par les nerfs s'empare de l'atome pour le déplacer. Il semble seulement que les cellules des filaments qui constituent l'extrémité des nerfs moteurs les plus délicats se soudent avec les corps de protoplasma des fibres musculaires.

Les filaments musculaires non striés qui servent à produire les mouvements involontaires des animaux supérieurs et qui se trouvent dans les formes animales les moins parfaites sont formés de cellules filamenteuses à forme allongée pourvues d'un seul noyau ou rarement de plusieurs.

Des cellules typiques se trouvent principalement dans le système ganglionnaire des animaux. Elles sont formées d'un corps protoplasmique pourvu d'un ou deux noyaux distincts et d'une membrane dans les formes les plus simples. D'autres présentent un ou deux ou plusieurs appendices latéraux qui s'allongent en filaments nerveux. Ces formations cellulaires ressemblent à des tubes contenant des filaments axiles formés de substances protoplasmiques et, comme cela semble probable aujourd'hui, dérivant du protoplasme des cellules ganglionnaires, qui sont certainement les agents de transmission proprement dits des excitations sensitives. Que les filaments axiles soient produits seulement par le noyau des cellules ganglionnaires, cela n'est pas encore prouvé nettement et nous paraît à peine probable. Les cellules ganglionnaires et les filaments nerveux constituent des fils conducteurs et des batteries galvaniques, tout l'appareil étant destiné à transmettre les excitations sensitives et volontaires.

Plus l'organisme animal est élevé, plus grande est la masse de cellules ganglionnaires et nerveuses qui s'entassent pour constituer les nerfs moteurs et sensitifs, les organes des sens et le cerveau.

Les organes des sens, depuis le sens du toucher jusqu'au sens le plus noble, celui de la vue, sont formés seulement de cellules nerveuses et de filaments nerveux ; ces cellules ou filaments se terminent au point où est perçue de l'extérieur l'impression sensitive. Ici, nous trouvons, suivant le sens dont il s'agit, de petites baguettes, ou boutons, ou massues de différents ordres, se présentant avec toutes sortes d'enveloppes et d'attributs, tantôt sous la forme de capsule, tantôt sous celle de gobelet ou de gaîne, etc.

Il est clair que chaque sensation différente

exige des appareils spéciaux. Plus le sens que dessert l'organe est délicat, plus les extrémités des nerfs dont il dispose sont délicatement variées et mystérieusement formées. La plus ingénieuse est la membrane sensible de l'œil. On a hasardé bien des suppositions sur la façon dont les nerfs perçoivent les sensations qui se rapportent aux actions extérieures, aux vibrations de l'éther lumineux, de la chaleur, du bruit, au contact de substances chimiques et aux chocs mécaniques de toutes sortes. Si l'on possède des données en partie exactes sur le siège de la première impression des sens et sur la perception physique, on n'ose pas se prononcer encore avec certitude sur les phénomènes intérieurs de cet appareil compliqué.

Il n'est pas nécessaire d'approfondir ces diverses questions, et il n'y a pas lieu de le faire ici. Il suffit d'avoir tracé une légère esquisse de la série d'organismes que le protoplaste animal doit constituer pour donner une idée du problème à résoudre.

Si nous pensons maintenant à toutes ces choses admirablement distribuées, cellules tantôt solides, tantôt molles, filamenteuses, étoilées, disposées en membranes et en parenchymes, en réseaux solides ou élastiques, si l'on envisage les ingénieux filaments nerveux et musculaires, avec leurs attributs divers, etc., on acquiert, sans qu'il soit besoin d'autre explication, une idée nette de l'évolution ascendante des cellules et des plans ingénieux d'organisation du corps de l'animal et dé l'homme.

Par la formation de couches superposées de ces différents matériaux cellulaires, il peut se constituer des masses solides ou molles de toutes sortes : squelettes, chair, ligaments, peau, cheveux, etc. Par la distribution d'éléments analogues se forment des cavités et des vaisseaux de toutes sortes, estomac, intestin, veines, artères, vaisseaux lymphatiques, trachée-artère, poumons, etc. Des groupes de cellules ont l'art, au lieu de produire autour d'elles des organismes plastiques, de fabriquer des sucs actifs et spéciaux et de les rejeter en dehors d'elles, c'est-à-dire de se constituer en appareils glandulaires. Ces cellules donnent naissance aux différents réactifs chimiques dont l'animal a besoin pour accomplir son travail de transformation de matières qui se fait sur une échelle beaucoup plus large et plus variée que dans les végétaux. Elles produisent également les matières grasses et gélatineuses, etc., du corps, substances mécaniquement indispensables pour maintenir le système moteur dans l'état de souplesse qui lui est nécessaire.

Mais avant tout se montrent avec une signification particulière les cellules isolées et vivantes qui sont spéciales aux animaux, destinées à fournir les sucs nourrissants et qui circulent en liberté. Les interstices existant entre les grandes masses cellulaires, les membranes, les fibres des téguments des muscles, se canalisent et produisent les vaisseaux sanguins, artères et veines. Seulement les derniers embranchements, fins comme des cheveux (vaisseaux capillaires), par lesquels ces vaisseaux (veines et artères) communiquent, sont formés de cellules simples, juxtaposées.

Le sang, c'est-à-dire le liquide qui circule dans ces canaux et qui contient les substances chimiques nécessaires aux différents groupes de cellules, et, en première ligne, les substances albuminoïdes sont charriées vers tous les tissus suivant leurs besoins. Le muscle creux, puissant et actif nommé cœur, pousse, comme une pompe aspirante et foulante, ce liquide dans le corps de tout animal supérieur. Dans le sang nagent librement des cellules isolées de deux sortes. D'abord des protoplastes nus, rouges, contenant la matière colorante du sang (hématosine) et ressemblant à des lentilles, d'une grosseur très minime. Chez beaucoup d'animaux (Amphibies et Oiseaux), elles représentent un corps cellulaire avec noyau. Chez l'homme et chez les mammifères les plus élevés, il n'existe dans ces cellules aucun noyau distinct qu'on ait pu jusqu'à présent reconnaître ; on voit tout au plus un gonflement central de la lentille, qui est un peu aplatie. Il reste à chercher s'il n'y a vraiment pas de différence entre le protoplasma et le noyau dans les globules rouges du sang de l'homme ou si l'on pourra en découvrir une. Cette différence est très importante, mais on n'a pas encore réussi à prouver que le noyau dont on a parlé plus haut existe dans les corpuscules du sang de l'homme. Le sérum du sang fournit dans toutes ses parties la matière nourrissante, tandis que les globules du sang jouent un rôle important dans la respiration, car ils entraînent vers les cellules de tous les tissus en formation l'oxygène destiné à produire l'oxydation nécessaire et le développement de chaleur.

A côté des globules rouges, nous trouvons aussi dans le sang des globules blancs. Plus grands, d'une physionomie cellulaire spéciale, ils se meuvent comme de libres cellules d'*Amœbes*, projettent des prolongements et changent de forme à volonté.

Ce sont ces cellules amœboïdes, ou globules blancs du sang, qui, dans toutes les parties des tissus du corps animal, reconstituent le sang dans la masse liquide déjà employée pour ainsi dire, la lymphe, par le moyen de la respiration. De plus, ce sont elles qui, dans les tumeurs, sont fournies

par le sang comme matériaux plastiques de construction, et se déposent dans le tissu conjonctif ou
sont excrétées sous forme de pus. Dans les processus plastiques normaux, elles paraissent jouer
un rôle analogue comme formateurs de tissus.
Elles se multiplient aussi par division, ainsi que
cela arrive pour les cellules primordiales. Il serait
très important de connaître sûrement la genèse
et tout le développement de ces cellules, qui vivent isolément dans l'intérieur des corps animaux. Mais on ne peut nier qu'il reste encore
bien des problèmes à résoudre relativement à
leur origine, qui a lieu probablement dans d'autres cellules vivantes et à la suite de leur évolution.

Ces générations vivantes de corps cellulaires
vivants, nageant librement dans l'organisme animal, sont particulièrement merveilleuses, justement parce qu'elles ne sont pas en contact immédiat avec les cellules des tissus, lesquelles se
reproduisent constamment les unes des autres
sans changer de place et dépendent les unes des
autres, et qui pourtant contribuent au plan de
construction de l'ensemble en produisant les actions les plus ingénieuses. Elles se trouvent exac-
tement à la place où l'on a besoin d'elles, et elles
se groupent dans les points où elles sont nécessaires. La contemplation de ces lois de formation

synthétique, liées à l'activité des cellules du sang, en même temps qu'à celles des tissus, envisagées dans leurs rapports avec les phénomènes compliqués des organismes animaux, nous fait voir sous la plus vive lumière la nature des phénomènes de développement organique. C'est seulement dans les points où la constitution de la forme individuelle l'exige que sont livrés les matériaux de construction ; c'est là seulement que le sang dépose les substances formatrices dissoutes ; c'est là aussi que se réunissent et se groupent les cellules mobiles. Des forces extérieures agissantes ne peuvent pas produire ce phénomène, car les formes de l'organisme animal se constituent indifféremment quant à la place, sans tenir compte de l'action de la pesanteur, de la lumière, de la chaleur, etc. La nouvelle formation se continue toujours de la façon nécessaire pour donner à l'ensemble la structure spécifique qu'il doit avoir.

Les nouvelles cellules se produisent dans les points que le plan indique, et les pierres de construction sont posées à la place marquée par l'architecte. Et là où *doit* se produire la nouvelle cellule, les anciennes cellules existantes doivent aussi livrer les matériaux de sa formation.

Depuis la première division de la cellule-œuf, l'exécution de la forme définitive est déjà poursuivie, en ce sens que des premières cellules analogues qui vivent dans les mêmes circonstances ressortent toujours des cellules plus dissemblables se formant par générations toujours plus diverses et plus multipliées. Les unes prennent telle forme, les autres telle autre forme; les unes restent nues, les autres s'entourent d'une enveloppe ou bien produisent une substance intermédiaire qui les unit en une masse plastique. D'autres se réunissent immédiatement à des individus d'un ordre plus élevé, etc. Les os des animaux supérieurs sont la plupart du temps formés d'abord de tissus cellulaires cartilagineux, qui se détruisent et sont remplacés par du tissu osseux. D'une façon merveilleuse et qui frappe d'étonnement se transportent et se groupent en même temps en mille points d'un organisme les genres de cellules les plus différents ; celles-ci constituent les matériaux de construction qu'elles doivent édifier et produisent le système compliqué d'os, de muscles, de vaisseaux, de membranes, dont l'ensemble forme le corps de l'animal.

Ainsi la machine ingénieuse arrive à son achèvement et commence à travailler, aussitôt qu'il devient possible par la coordination de ses parties. La forme définitive du développement d'un organisme n'est pas la conséquence, mais la raison du mouvement des atomes; c'est elle qui conduit molécule par molécule, rassemble cellule par cel-

lule et construit. Les observations superficielles
qui précèdent montrent déjà les phases de la formation organique des tissus.

La marche du développement d'un animal de
grande taille et d'un ordre supérieur, à partir de
son état de germe, montre déjà une série de formations tendant vers un but déterminé. Ainsi
s'établit la longue série de formes d'animaux qui
vivent indépendants les uns à côté des autres.
Autour de la plus petite cellule animale isolée
se rangent, comme dans le règne végétal, toujours de nouveaux individus plus riches en cellules et en formes. Nous voyons devant nous
beaucoup d'espèces de formes qui, jusqu'à un
certain point, nous représentent le stade isolé
dans chaque développement individuel comme
forme définitive. Sur une plus large échelle encore
que dans le règne végétal, le processus de développement se déploie ici du simple au composé.

Toute particulière aux formations animales est,
par exemple, la façon spéciale dont une cellule
passe à l'état de cellules multiples, ainsi que cela
a été déjà signalé, par la multiplicité des noyaux,
chez maintes espèces animales inférieures (par
exemple les vorticelles, certains radiolariés et
éponges).

La différence qui existe entre les cellules qui
doivent constituer les organes divers de l'animal,

Coulommiers. — Imprimerie Paul BRODARD.

9 782329 396293